DIANWANG QIYE SHOUZHI KOUSONG
ANQUAN ZUOYEFA

电网企业

手指口诵

安全作业法

U0038788

ʃ电网有限责任公司

超高压输电公司南宁局　组编

中国电力出版社
CHINA ELECTRIC POWER PRESS

内 容 提 要

安全生产是电网企业永远的主旋律，电力的安全生产事关重大。随着新技术的应用，因电力设备和环境因素造成的电力事故很少发生，而由于作业人员的操作失误等不安全行为造成的电力事故事件仍时有发生，确保电力安全生产是电网企业一直以来的一项重要课题。中国南方电网有限责任公司超高压输电公司南宁局推行的手指口诵安全作业法取得了可喜的成效。为了让广大同仁共同探索研究，找到适合电网企业员工安全行为习惯培养的方法和手段，特组织编写了本书。

本书共包含 4 章，分别为手指口诵安全作业法概述、手指口诵相关研究及与其他管理的关系、电网企业推行应用手指口诵安全作业法、电网企业各专业手指口诵安全作业标准卡案例。全书内容丰富，图文并茂，对电网企业导入、推行、巩固和提升手指口诵安全作业法的全过程管理具有一定的指导和帮助，对其他行业推行手指口诵管理方法也有一定的借鉴作用。

本书可以作为电网企业推行手指口诵安全作业法的教材和实操手册，供各专业技术人员和管理人员阅读使用，也可为其他行业相关专业人员提供学习参考。

图书在版编目（CIP）数据

电网企业手指口诵安全作业法 / 中国南方电网有限责任公司超高压输电公司南宁局组编 .
—北京：中国电力出版社，2018.11
ISBN 978-7-5198-2582-9

Ⅰ . ①电… Ⅱ . ①中… Ⅲ . ①电力工业 – 安全生产 Ⅳ . ① TM08
中国版本图书馆 CIP 数据核字（2018）第 244162 号

出版发行：中国电力出版社
地　　址：北京市东城区北京站西街 19 号（邮政编码 100005）
网　　址：http：// www.cepp.sgcc.com.cn
责任编辑：马　青（010-63412784，610757540@qq.com）
责任校对：黄　蓓　常燕昆
装帧设计：张俊霞
责任印制：石　雷

印　　刷：北京瑞禾彩色印刷有限公司
版　　次：2018 年 11 月第一版
印　　次：2018 年 11 月北京第一次印刷
开　　本：710 毫米 ×980 毫米　16 开本
印　　张：17
字　　数：229 千字
印　　数：0001—2500 册
定　　价：80.00 元

本书编委会

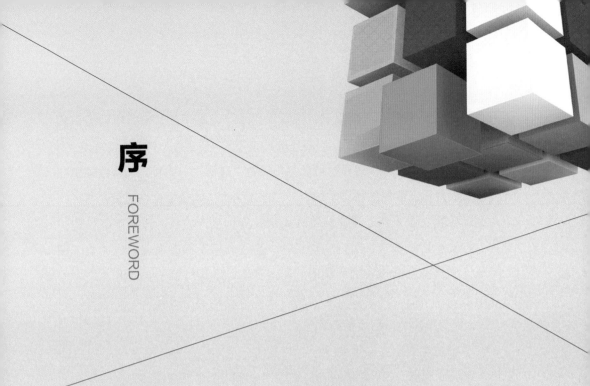

序

FOREWORD

安全生产是电网企业永远的主旋律，是企业的生命线。为贯彻落实中国南方电网有限责任公司（以下简称南方电网公司）"人民电业为人民"的企业宗旨，必须坚持安全发展的科学发展观，夯实安全基础管理，筑牢员工的安全防线。在电网企业生产事故的众多原因当中，人为因素占了相当大的比例，因此，提高员工安全意识，塑造员工安全行为模式，是电网企业一直以来重要的课题。

手指口诵安全作业法是在引入日本的"指差呼称"安全确认法的基础上，结合了电网企业安全生产风险管理体系建设发展而来的一种安全行为良性干预的管理方法。手指口诵安全作业法围绕危害的防御性规避和现场作业安全意识提升，避免因人的不良心理因素造成的不安全行为。开展手指口诵安全作业法不仅仅是一种促进安全工作要求执行到位的管理方法，更是培养安全文化转化落地、培养员工安全意识和端正安全工作态度、提升自主管理能力的有效手段。

高文化素质、高技能水平的员工是企业安全生产的重要保障，如果员工没有良好的安全素养和安全意识，保障作用就可能等于零。南方电网公司超高压输电公司南宁局（以下简称超高压公司南宁局）自成立以来，始终秉持"安全第一"的安全生产观，科学对待危害与风险，遵循"一切事故都可以预防"的理念，致力于安全风险管理，致力于"以人为本"的安全文化建设，将"体系为纲强三基、以人为本重文化"作为企业安全生产方针，强调基础管理，重视人的安全意识塑造，重视文化引领。通过创新手指口诵安全作业法，极大地降低了员工生产作业的失误率。实践证明，手指口诵安全作业法是一项培养良好工作习惯、促进工作专注度、推动员工队伍"破暮气、提朝气、凝精气"，保持工作活力的重要工作方法，能有效提升全体员工现代文明素养，是建设本质安全型企业的重要途径。超高压公司南宁局在认真总结手指口诵安全作业法成功推行的经验基础上，编写了《电网企业手指口诵安全作业法》一书，旨在从理论、方法、实践三个层面，结合电网企业生产活动实际进行详细阐述，从安全行为干预、安全文化建设等角度阐明手指口诵安全作业法的影响和作用。本书具有较强的理论性、指导性和可操作性。

希望本书的出版，能够为电网企业同仁提供一些借鉴，在提升电力行业的安全生产管理水平，保障员工生命安全和电网安全中发挥积极的作用。让我们一起共同努力，为我国电力事业发展贡献一份力量。

中国南方电网有限责任公司超高压输电公司总经理：

2018 年 7 月

前言

PREFACE

　　电力工业既是国民经济的基础产业，也是社会公用事业，电力的安全生产不仅关系到国民经济的健康发展和社会的稳定，也关系到人民群众的切身利益和生命财产安全。随着我国经济的发展和电网规模的不断扩大，确保电力系统安全稳定运行，对保障国家能源安全意义重大，对电网企业的安全管理也提出了更高的要求。党的十九大报告提出了要坚持总体国家安全观，树立安全发展理念，弘扬生命至上、安全第一的思想，完善安全生产责任制，坚决遏制重特大安全事故，提升防灾减灾救灾能力。

　　随着新技术的应用，因电力设备和环境因素造成的电力事故已很少发生，而由于作业人员的操作失误等不安全行为造成的电力事故事件仍时有发生，给企业和社会造成了重大的经济损失，甚至造成人身伤亡。为此，如何减少和杜绝人的不安全行为，确保电力安全生产是电网企业一直以来的一项重要课题。

　　中国南方电网有限责任公司超高压输电公司南宁局结合自身推行的手指口诵安全作业法，组织编写了本书。手指口诵安全作业法是从日本的"指差呼称"安全确认法发展而来的,是结合了电网企业生产作业特点的一套方法。我国其他行业,如煤炭、交通等行业也引入了"指差呼称",形成了各自特色的安全管理方法,但是在电网企业的应用几乎为零。出版本书,是为了让广大同仁共同探索研究,找到适合电网企业员工安全行为习惯培养的方法和手段。在电力行业的电气操作中一贯倡导严格执行的操作"监护复诵"制度,就是为了减少因人为操作失误而引发的事故,从目的来看,手指口诵安全作业法与"监护复诵"制度有异曲同工的作用。编者认为,手指口诵安全作业法的核心是基于风险的现场作业管理和行为规范,其外延更为广泛,对危害的警觉在人的生理机能上刺激更强烈,也更能调动人的主观能动性,对员工的自主安全管理意识的提升起到更积极的作用,是对"监护复诵"制度在行为规范上的加强和对风险防范的自觉自主管理。超高压公司南宁局在推行手指口诵安全作业法中取得了可喜的成效,不仅极大降低了生产作业的失误率,同时,班组内部形成了浓厚的安全文化氛围,员工的安全风险意识空前高涨,养成了风险识别与防范的作业习惯,时刻关注安全行为,主动学习安全技能,员工的职业化素养进一步提高。

本书秉承"理论与实践相结合和强调实用性"的原则,在第1章系统介绍了手指口诵的背景、起源、规范要领;第2章介绍手指口诵的生理机制以及与电力行业广为开展的安全文化、安全行为干预、7S管理等管理活动的关系;第3章介绍在电网企业推行应用手指口诵安全作业法的方法、步骤、训练和超高压公司南宁局的实践经验;第4章列举了电网企业相关专业如变电运行、输电运检、一次检修、高压试验、自动化、继电保护、信息通信、交通管理和技能培训作业等专业的手指口诵应用典型案例范本,并配以图表和文字加以说明,方便相关专业人员在本企业推行手指口诵安全作业法时更易于理解和结合自身特点加以丰富和完善。

本书对电网企业导入、推行、巩固和提升手指口诵安全作业法的全过程管理具有一定的指导和帮助,对其他行业的企业推行手指口诵管理方法也有一定的借鉴作用。本书可以作为电网企业推行手指口诵安全作业法的教材和实操手册。

　　本书自 2018 年 1 月开始编写，历时 7 个月，经过本书编委会成员的辛勤劳作，反复检查修改得以编写完成和出版。其间得到了来自超高压公司南宁局领导班子和上级部门领导的关注和支持，多次进行书稿审核并提出了宝贵的意见。本书的编写工作得到了广州联臻企业管理咨询有限公司的大力支持和帮助，书中还引用了牛莉霞、川田绫子等人的文献成果，让我们对手指口诵、不安全行为机理等有更深入的了解，在此一并表示感谢。

　　由于编写时间仓促，水平有限，书中难免有疏漏和不足之处，恳请广大读者批评指正。

编　者

2018 年 7 月

目录

CONTENTS

第 1 章

手指口诵 安全作业法概述

1.1　手指口诵的发展背景

近年来，随着我国人民生活水平的不断提高，构建社会主义和谐社会、促进社会进步、满足人民美好生活愿望的要求也逐步提高，涉及人民群众安全感、幸福感和获得感的问题也受到高度重视，党和国家对安全生产管理的要求达到了一个新的高度，凸显了"以人为本，生命至上"的核心理念。为贯彻落实"以人为本"的科学发展观，确立"安全发展"的指导原则，习近平总书记等党中央、国务院领导同志多次作出有关安全生产工作的重要指示，把安全生产作为全面深化改革、全面依法治国的重要内容。习总书记强调要始终把人民群众生命安全放在第一位，发展决不能以牺牲人的生命为代价，这必须作为一条不可逾越的红线。要强化红线意识，实施安全发展。党的十九大报告也提出了要坚持总体国家安全观，树立安全发展理念，弘扬生命至上、安全第一的思想，完善安全生产责任制，坚决遏制重特大安全事故，提升防灾减灾救灾能力。

2014 年颁布的《中华人民共和国安全生产法》要求，安全生产工作应当以人为本，坚持安全发展，坚持"安全第一、预防为主、综合治理"的方针，强化和落实生产经营单位的主体责任，建立生产经营单位负责、职工参与、政府监管、行业自律和社会监督的机制。

电力工业是国民经济基础的命脉产业，也是社会公用事业，它直接关系到国民经济发展和社会稳定，我国的现代化建设与发展离不开安全稳定、经济可靠的电力供应，新时期新时代下的信息化、智能化和网络化的生产生活方式更离不开电力的有力支撑。电力系统的安全稳定运行是维护国家安全、经济发展、社会稳定和人民群众利益的重要保障。

随着电力工业的蓬勃发展和电力安全生产工作的不断深入，对电力安全监管工作提出了更高要求，也进一步强化了电力企业安全生产主体责任。为了有效实施电力安全生产监督管理，预防和减少电力事故，保障电力系统安全稳定运行和电力可靠供应，经国家发改委审议通过的《电力安全生产监督管理办法》于 2015 年 3 月 1 日起施行，该办法的颁布实施必将对推动电力安全生产监督管理工作、保障电力系统安全稳定运行和电力可靠供应产生积极而深远的影响。

现代化的电网系统运行是技术密集型的大规模、流程化、连续生产的过程，是维系经济社会发展的"大动脉"。为适应我国经济建设的快速发展，电网规模越来越大，而风险则遍布方方面面，任何一个环节的失控都可能直接影响整个电力系统的安全运行。

电力安全生产的重要性体现在以下方面。

（1）电力生产的整体性和连续性。电力系统是由发电、输变电、配电和用电各环节紧密连接起来的一个系统，各个环节不容间断，在同一瞬间完成，发电厂及用户之间的功率供需始终保持平衡，任何一个环节配合不好，都会影响电力系统的安全、稳定、可靠和经济运行。

（2）电力工业是国民经济中具有先进性的重要基础产业，电力工业是建立在现代的能源转换、传输、分配的科学技术基础上，高度集中的社会化大生产，具有高度的集中性、统一性。电能生产对国民经济和人民生活影响极大，需保证连绵不绝、永不间断，若因故停止，势必会影响工业生产和人民正常生活。

（3）电力生产的劳动环境有以下几个明显的特点：①电气设备多；②高温高压设备多；③易燃、易爆和有毒物品多，如燃煤、燃油、强酸、强碱、制氢气及制氧气系统、氢冷设备等；④高速旋转机械多，如发电机、风机、电动机等；⑤特种作业多，如带电作业、高空作业、起重及焊接作业等。电力生产的这些特点表明，电力生产的劳动条件和环境相当复杂，存在着诸多不安全因素，潜在的危险性大，这些都对职工人身安全构成了威胁。因此，电力生产环境要求企业对安全生产要高度重视。

因此，抓安全生产，重风险管理，一直以来都是电网企业的重要生命线。

"安全是不可触碰的高压线"，坚持"安全第一、预防为主、综合治理"的方针，增强抓好安全工作的责任感和紧迫感，强化本质安全，提升风险防范和抵御事故风险的能力，全面提高安全管控能力和安全生产水平，对电网企业来说意义重大。

电网企业的安全管理经过多年发展，正在迈向建设本质安全型电网企业的新时期，这是关系到电网企业长治久安的重大战略任务。近些年来，电力安全生产的形势保持良好，但是随着社会发展、设备自动化程度提高，安全事故造成的影响波及面也逐步增大。社会环境变化、新老员工交替、新技术应用层出不穷，使电力行业面临着诸多新的安全课题，安全形势依然严峻。

根据现代事故致因理论，导致事故事件发生的原因分为物的不安全状态、人的不安全行为、环境的不安全因素和管理不良四大因素。美国科学家海因里希分析得出，人的不安全行为引起了88%的安全事故；杜邦公司的统计结果表明，96%的事故是由于人的不安全行为引起的；美国安全理事会（The National Safety Council，NSC）得出90%的安全事故是由于人的不安全行为造成的结论；对国内近30年的重大事故调查统计结果表明：由人的不安全行为导致的事故占事故总数的96.5%以上[3]。

从南方电网公司某局提供的2011~2016年194条未遂事件中，属于人为因素（包括管理不良）的共159条，属自然环境因素影响的共35条，人为因素占82%。其中自然环境因素影响的未遂事件里，也存在着因人对危害的风险程度识别不足的原因。因此，大量的事实证明，电力作业人员的安全行为对电网安全和人身安全是极其重要的。从事故事件和未遂事件数据分析看，人为因素往往是造成事故事件的重要影响因素，必须对人的不安全行为加以防范和干预。

人的不安全行为产生的原因较为复杂，大致划分为个体内在因素和外在客观因素两大类，其中，个体内在因素包括生理因素、心理因素、知识技能因素等；外在客观因素包括环境因素、管理因素等。

因为个人的思想和情绪，以及外部环境条件对人在生产中表现出来的不安全行为产生的影响较大，具有不可预测性，也很难安排人力在现场监督，因此这是安全管理人员倍感压力的重要原因。

人的不良思想和情绪对人的行为造成的影响包括以下方面。

1）对安全持麻木不仁的态度，视一些安全制度、规定、措施为束缚手脚的条条框框，没有严格执行。

2）存在麻痹思想、自以为是的现象，明知安全重要但不重视，做事马虎大意。

3）持有侥幸心理，明知道有危险，却因怕麻烦而不采取安全措施，抱有"违章不一定出事，出事不一定伤人，伤人不一定是我"的侥幸过关的态度。

4）由于生活条件、家庭情况、人际关系不佳等原因，导致情绪烦躁，工作精神不集中，自身与外界环境不能很好协调，极易产生不安全行为。

5）由于求胜、赶时间心切，情绪急躁，工作不仔细，容易出现有章不循现象。

6）由于疲劳、体力下降、视力不佳、年龄偏大等生理问题，也易产生不安全行为。

心理学认为，行为是人和环境相互作用的结果，并随人和环境的改变而改变。因此生产环境对不安全行为的产生有直接影响：

1）天气不佳或作业环境狭小导致视线差、视野窄，易使人感到困倦、精神不振，造成操作失误。

2）作业空间狭小也容易使作业动作变形而产生不安全行为。

3）周围环境噪声大，严重的噪声影响语言和声音信息的交流，并易使人多疑易怒，从而产生不安全行为。

同时，脑科学和心理行为科学研究发现，人的意识具有较强的自然消退以及迟钝情况，称为"人类错误"，这是人类存在的一种生理特性。从心理学与大脑生理学来看，人类本来就是一种具有许多弱点的动物。长期在同一个环境下工作，或者外部环境不良，都会很容易造成注意力分散或产生错觉，"图方便"的人类特点也习惯于走"捷径"，造成误判断和误操作。因此，人类行为在诸多因素影响下出现看错、听错、想错、行为失误等错误是很正常的，稍不留神、稍不留意就出现错误可以说是人类的特征。因此，必须对其加以某种刺激进行行为干预，让人类在危险迫在眉睫时可以主动避免。人类的固有特性也有提高注意、意识高度活跃、几乎不会出错的好的一面，为了强化这些好的方面，打破意识间隙造成的"人类特点导致的错误"与灾害连接在一起的恶性循环，克服习惯性违章，减少偷懒行为，从而最大限度地避免事故发生，需要进行危害辨识、风险评估和手指口诵安全作业法，这是搞好安全的有效手段。

手指口诵正是针对人们在生产活动过程中易发生遗忘、错觉、精神不集中、先入为主和判断失误等弱点，运用心想、眼看、手指、口诵等一系列行为，对工作过程中的关键工序的安全因素进行确认，使人的注意力和物的可靠性达到高度统一，从而避免违章、消除隐患、杜绝事故。

1.2　认识手指口诵

手指口诵是一种通过心（脑）、眼、口、手的指向性集中联动而强制注意的作业方法。它起源于日本，自引入国内以来，被广泛地应用在各种高危行业，如铁路、煤矿、民航、电力等行业，因翻译原因存在有不同的称谓，如"指差呼称""指差呼唤""手指口述""指认呼唤""手指呼叫""手指唱诵"等。

手指口诵的具体方法为依据安全规程、操作规定和作业程序，让员工在现场操作的同时，手指着作业对象，将关键步骤和控制措施大声地说出来，边说边做，通过心想、眼看、手指、口诵等一系列步骤，调动所有感官一起"工作"，让员工对关键作业步骤的风险和控制措施做到"脑中想到""心里知道""手上做到""眼睛看到""口中说到"。

手指口诵的特点是能够起到安全确认的作用，提高工作效率，简单易学，实用操作性强。主要是运用心想、眼看、手指、口诵等一系列行为，对工作过程中的每一道工序进行确认，不仅可以使人的注意力和物的可靠性及环境因素高度统一，实现规程培训口语化、现场操作程序化、工序更替确认化，而且能配合人的肢体语言，强化员工对规程的理解和掌握，从而达到避免"三违"（违章指挥、违章作业和违反劳动纪律）、消除隐患，在工作中预防因人为因素发生安全事故的目的。

实际上，手指口诵与电力行业电气操作一贯倡导严格执行的"监护复诵"制度具有相通之处。操作过程中按照操作票填写的顺序逐项操作，每一步操作前先进行复诵确认，操作后再检查确认无误做一个"√"记号，全部操作完毕后进行复查。而且在 GB 26860—2011《电业安全工作规程》明确监护操作时，操作人在操作过程中不得有任何未经监护人同意的操作行为。

因此，在电网企业推行手指口诵安全作业法具有非常好的基础，结合"监护复诵"制度开展的手指口诵安全作业，由于手指口诵调动了手、眼、口、心等，相比唱票监护中唱票、核实、记录的动作要求更严格规范，产生的注意力刺激更有效，持续的时间更长。

手指口诵利用了人的生理学原理，通过挥动手臂时肌肉产生的生物电与大声呼喊时咀嚼肌产生的生物电混合视觉、听觉，刺激大脑中枢神经，做到思想集中、行为规范、自律统一。它能避免操作中因走神、粗心麻痹、精神恍惚、遗忘而产生的看错、听错、走错、做错等一系列错误，促进员工警惕风险、进行安全确认，督促员工安全深思、牢记安全操作规程及作业要领，是一种规范员工安全行为、落实安全措施、确保安全生产的有效管理模式。

1.2.1 手指口诵的起源

手指口诵起源于日本的"指差呼称",最早在日本神户铁道管理局用于机车信号确认,在日本已有100年的历史了。在日本1973年发起的"零事故战役"中发扬光大,全面推广,后来在世界范围内被各国企业在安全管理中广泛引用和发展。

日本在经济高速发展的同时,因现场环境和人员安全意识薄弱导致的死亡人数逐年增加,在1961年最高峰时,生产现场死亡人数达到6700多人。为了有效遏制这种局面,日本自1973年起开始推行"零事故战役",其核心的实施方法之一就是指差呼称。发起"零事故战役"的目的在于解决工作现场工人的职业健康和安全问题,确保工人身心健康,实现工作现场"零事故"和"零职业病"。通过30余年的努力,日本2003年工作场所死亡人数减至1628人。

"零事故战役"由3个彼此关联、上下呼应的单元构成:

一是明确提出了"尊重人的生命"的安全理念,即每个个体,不分高低贵贱,其生命都是无可替代的,都不应在工作中受到伤害。并且在实践中通过管理高层、管理人员和负责人将这一理念传达给每一位员工,并且在工作当中做好带头示范的引领作用,履行和确保下属的安全和健康就是管理人员的任务。从而影响和感化下属,促使下属自主开始安全与健康活动。

二是推出具体有效的实施方法,主要包括危险预知训练〔即KYT,是危险(kiken)、预知(yoti)和训练(training)的首字母的缩写〕及指差呼称。参加人员包括企业的工人、管理人员等各阶层,通过对工作场所风险的预先识别和确定控制措施,达到健康和安全的预期。

三是强化执行环节,培育行为习惯。通过全员参与,打造积极、主动、活跃的工作环境;通过"危害辨识、预防和培训"等方法的日常应用,使安全预防意识深入人心,在具体工作中实施并成为人们的行为习惯,最终使企业达到安全、质量和产量完美而和谐的统一。

分析"零事故战役"的三个组成部分，可以看到三者是紧密关联不可分割的。

"尊重人的生命"这一安全理念的明确提出，强调安全要"以人的安全健康卫生为原则"的指导思想，迅速得到社会广泛而积极的响应，人受到了尊重就会进行积极响应，这样为实现"零事故"的目标奠定了积极响应的基础。在此基础上 KYT、指差呼称才得以顺利推广和应用，通过一系列的培训和全员参与，提高了安全技能，创建良好的工作环境，营造出浓厚的安全文化氛围，该方法得以持续应用并最终极大地降低了人身死亡数量，达到预期目标。

1.2.2　手指口诵的动作规范

1. 手指口诵的基本动作形式

手指口诵的基本动作形式包括：注视、手指口诵、收回思考、再手指确认 4 个基本动作，如图 1-1 所示。

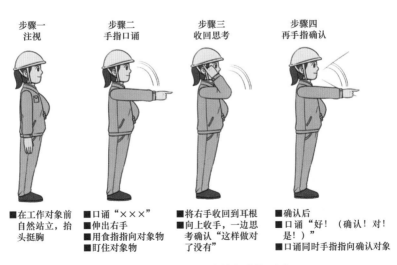

图 1-1　手指口诵的基本动作形式

2. 手指口诵的分解动作要领

手指口诵综合动员了眼睛、手臂、嘴巴、手指和脑，确认自己的操作作业和待确认对象的状态。在操作时，各分解动作的要领分别如下。

（1）站立——站立于待确认对象一定距离，背部挺直。

（2）眼睛——紧紧盯着待确认对象，观察对象状况以及周围环境或物体。

（3）手臂·手指——左手大拇指向后叉腰，伸出右臂用右手食指指着待确认对象。先喊出"待确认对象"的名称后，将右手抬至耳边，思考是否真的没问题，然后一边喊"确认完毕"一边放下手并向前指出。

在伸出右臂右手时的动作要领应为："右手握拳（大拇指放在中指上方，拳心向上），接着再换成食指指出的动作"。若惯用手为左手则右手叉腰左手做挥臂伸出等手指动作。

（4）嘴巴——要求清楚地发出"××确认完毕！""开关·确认开启！""阀门开启，确认完毕！"的口诵声音。

（5）耳朵——要求听清楚自己发出的口诵声音。

图 1-2 标明了各分解动作的要领和基本形式。

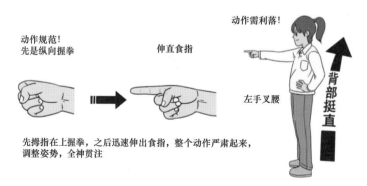

图 1-2　分解动作的要领和基本形式

3. 手指口诵的动作注意事项

（1）为了让意识处于清醒状态，需要一定紧张度的动作。

（2）为了将注意力集中在"口诵"内容上，口诵内容的信息必须明确，不要说"温度，确认完毕！"而是要说"温度×度，确认完毕！"不要说"轮椅、车轮，确认完毕！"而是要说"轮椅、车轮固定，确认完毕！"将内容明确具体化地表达口诵出来。

（3）声音不必过大，但练习时为了克服"害羞畏难情绪"一定要大声口诵并配合动作。

（4）特别是重要的待手指口诵确认的地方，必须要进行自问自答地确认——"××××是否确认完毕？""××××确认完毕！"

为避免人为失误，需要切实按照上述动作要领进行正确操作，即便某些场合不能在使用者面前发出过大声音和过大动作，也要保证切实进行安全确认，这时候可以选择不发出声仅用手指触摸确认的方法。

1.2.3 手指口诵的实践形式类别

手指口诵除了上述"边指边说"的手指口诵形式外，还有"手指应和"和"接触齐呼"的形式。

1. 手指应和的实践

手指应和是指全部成员指着口号标语、风险控制措施等物，呼喊着确认，由此使大家统一一致，是提升团队整体性和互助感的一种方法。

一般在班前会、班后会时确认口号标语"没有任何一个人受伤，确认完毕！"或作业前确认作业潜在风险要点和措施，以及团队的行动目标，并相互保证实施时会使用该方法。

2. 手指应和的做法

（1）在负责人的指示下全体成员指向目标，如图1-3所示。

· 左手叉腰
· 右手指着口号

图 1-3　全体指向目标

（2）跟随口诵，如图 1-4 所示。

· 负责人一字一字地手指随着眼睛移动读一遍
· 成员们目光和手指追随领导所念文字

图 1-4　跟随口诵

（3）全体成员应和，如图 1-5 所示。

每个人都是不可缺少的!

每个人都是不可缺少的!

领导

成员

· 当负责人发出指令"确认完毕"时
· 全体成员齐声应和道"确认"

图 1-5　全体成员应和

3. 接触齐呼的实践

在排球、篮球等团队运动中,经常可以看到选手们会互相接触、搭肩、出声、举手等达成团队统一行动的现象,这就是接触齐呼。接触齐呼经常在工作现场互相加油打气、提高干劲时使用。

接触齐呼可以说是手指应和的一种。其特征就是全体队员手搭手相互配合相互接触。全体成员通过肌肤接触,提高团队的整体性、连带感,对建立良好的团队合作十分有效。接触齐呼可以在队员的大脑中留下良好印象,增加团队的归属感,促进互帮互助,会在下意识间采取安全行动,避免分神发呆。接触齐呼经常在调节团队活动的张弛度中使用。

4. 接触齐呼的做法

和手指一样,负责人喊"××确认完毕!"后,全体人员也跟着应和道"××确认完毕!"以下展示接触齐呼的 3 种类型。可根据团队人数选用不同的类型。

（1）接触型（7~8 人或以上,见图 1-6）。

· 站成一个圈
· 用左手搭着左边同事右肩
· 右手食指指向圆心

图 1-6　接触型

（2）圆环型（5~6 人，见图 1-7）。

（3）手搭手型（4~5 人或以下，见图 1-8）。

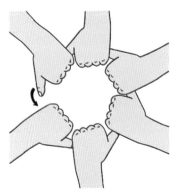

· 站成一个圈
· 用左手握住左边同伴的左手拇指形成
　一个环
· 右手食指指向圆心

图 1-7　圆环型

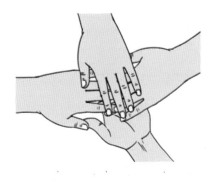

· 站成一个圈
· 负责人左手手心向上伸出放在中央
· 各成员左手手心向下层叠搭在其上
· 右手指向叠在一起的左手

图 1-8　手搭手型

　　上述三种类型在电网企业生产活动中常用于表 1-1 的工作场合及应用形式和作用。

表1-1　在电网企业生产活动中手指口诵应用场合及形式

场合类别	形式类别	内容	作用
班前会 手指口诵	手指应和	一起明确作业风险、控制措施	作业前风险确认
	接触齐呼	齐声说出本班组文化宣传语	班组安全文化的仪式感
作业中 手指口诵	手指口诵	作业中，按本作业的手指口诵内容	提升意识、明确无误等
交接班 手指口诵	手指口诵 手指应和	交接内容的确认	交接班传递责任和感谢
安全月活动会 手指口诵	手指应和	齐声说出本企业安全文化宣传语 或个人的安全承诺	增强安全仪式感

1.2.4　在其他行业的应用

1. 在煤炭业的应用

国内的煤炭企业引入指差呼称并发展了手指口述安全确认法，加入并形成了岗位描述与手指口述；手指口述与四述安全管理法。

岗位描述是一种对自我状况、安全责任、作业标准、作业环境、工艺流程、设备工具性能特点等内容的描述，具体来讲包括以下几方面：①自我介绍，向领导问好，并大声地说出自己的名字、单位以及自身的岗位职责；②操作对象，熟练掌握当班作业所使用的工具、设备、机械、器材；③操作顺序，对工作过程中的每一道程序一一进行说明；④操作方法，明确施工过程中的作业要领、关键环节、错误易发点。

手指口述安全确认是将某项工作的操作规范和注意事项编写成简易口语，在作业开始前，用手指并对关键部位进行确认，以防止判断操作上的失误，具体来讲主要包括以下几方面：①班前安全确认，在当班作业前，正式对所有准备工作进行一次系统的检查核实。是对操作要点、要领记忆再现的一次确认，是通过意念刺激使操作者集中注意力，全神贯注地开始操作。班前安全确认是搞好生产全过程的基础。②班中安全确认，作业班中的手指口诵就是对作业过程中每一项关键性操作开始前的手指口诵，使操作过程都处于安全确认之中，班中安全确认是搞好生产全过程的中心。③班后安全确认，当班的作业全部完成后，再次对现场环境进行确认，使用的设备、机械、器材、工具及作业操作质量进行安全确认，为下一班的操作安全奠定坚实的基础。

2. 在交通行业的应用

在日本、韩国、中国、中国台湾等国家或地区的铁路，无论是司机或车长，在列车运行时，均要进行指差呼称安全确认。

列车驾驶进行列车营运前准备时，必须以指差呼称安全确认方式确认列车的各项设备处于符合营运状态的条件。列车长操作车门时会以指差呼称安全确认方式，确认车门的启闭状态。站务人员于列车进出车站月台时，会以指差呼称安全确认方式，确认月台状态及净空，符合列车进站停靠的安全条件。当列车符合发车条件，即将开车时，列车驾驶会以指差呼称安全确认方式，确认收到 ATC 号志速度码，再启动列车。

根据指差呼称的要求，对各工种作业标准进行细化，在指差呼称的具体应用中努力做到：标准作业程序突出一个"易"字，便于职工掌握；眼看重要部位，突出一个"准"字，以便提高职工的注意力，做到当班精力集中；手指关键工序上突出一个"精"字，提高作业的准确性，避免简化作业程序；口呼标准用语上突出一个"清"字，真正实现标准化。从而使职工在现场实际作业中做到了边学边改进，达到了简单易学，顺口顺手，动作要领规范的目的，在作业过程中真正实现了操作规范，动作娴熟。下面以车站值班员接车为例，制定指差呼称操作标准。

（1）办理闭塞时，先确认区间空闲，接车前要确认接车线路空闲、进路道岔位置正确、影响进路的调车作业已停止，然后方可准备接车。

车站值班员接车指差呼称操作标准表见表1-2。

表 1-2　车站值班员接车指差呼称操作标准表

手指（关键工序）	呼称
控制台闭塞表示灯、《行车日志》《电话记录登记簿》、各种行车表示牌	区间空闲
闭塞按钮	同意闭塞
闭塞表示灯变绿	× 次闭塞好了
接车线路	× 道空闲
进路始、终端按钮	进站、× 道
进路光带及信号复示器	× 道接车信号好了
接近光带变红	× 次接近
进路光带熄灭	列车到达
闭塞表示灯	区间开通

（2）办理闭塞时，要一听铃响、二看闭塞表示灯、三按闭塞按钮、四确认绿色灯光。

（3）准备进路时，严格执行"一看、二按、三确认、四呼唤"及"眼看、手指、口呼"的"三合一"制度。

（4）办理区间开通时，要确认整列进入接车线内方。

组织安全专业人员对所属车站进行全方位的检查，对重要岗点、重点人物、重要时期、重点区段进行重点监控，使职工改变以往动作不规范的行为，规范了标准化作业的程序，有效避免了因注意力不集中、安全意识差、简化作业程序、操作不规范导致的违章和人为事故的发生。

3. 在其他行业的应用

（1）用于机电工程业。机电工程业，例如电梯业，属于高危险行业之一，实行手指口诵安全确认；当员工处于精神低沉或忙乱状态时，指着需要加强警觉的工序（例如正要切断电源，便指向电源开关），高声呼叫"小心触电，OK！"等口号，可将员工的安全意识水平，提升至极清醒的状态，从而减少发生意外的可能性。

（2）在基地维修方面的应用。在各维修基地皆有要求动作，在穿越轨道时务必做出手指口诵安全确认的动作。在穿越轨道前，向左方指出并观察有无车辆处于动作中，确认后并说出左方确认，无误之后再转向右方做出与之前相同的动作，目的是为了横穿轨道时无行驶中车辆向自己的方向驶来，造成危胁人员安全的意外。

（3）建筑业。香港的建筑公司在建公路系统时，将指差呼称引入现行的安全施工程序内：将当日施工时可能产生的危害，找出可行的解决及预防方法，设计成口号，并大声喊出 3 次，以加强员工的警惕性，减少在工作中犯错的机会。

1.3　手指口诵安全作业法

1.3.1　什么是手指口诵安全作业法

手指口诵安全作业法是在指差呼称相关理论的基础上，由中国南方电网超高压输电公司南宁局（以下简称"编者"）结合南方电网公司的安全生产风险管理体系所强调的系统性、基于风险和 PDCA 的管理思想，围绕提高员工的风险意识和辨识能力，培养自主自发的安全意识，保持积极端正的安全态度，养成安全行为习惯的目的，将指差呼称运用在员工上岗前培训、作业实施的事前、事中、事后而发展形成的手指口诵安全作业法。

手指口诵安全作业法由五个步骤或五个阶段组成，称为"五步法"。"五步法"包括：上岗前风险评估培训、作业前风险评估、作业前风险确认、作业中手指口诵并强化控制措施、作业后持续改进五个部分，系统地将风险培训、风险评估、风险控制和风险管理能力提高与 PDCA 管理法有机地结合起来。

该方法在上岗前风险评估培训提高风险识别能力、作业前风险评估制定控制措施、作业准备的风险确认做到心中有数、作业中的手指口诵进行安全确认、确认控制措施到位以及作业后对作业过程中的不当行为或措施进行回顾并提出改进措施，修改该类作业的手指口诵安全作业标准卡内容。

同时在不同阶段和不同场合下应用了手指口诵的三种应用形式。

电网企业的生产作业严格要求遵守规程按照一定的步骤流程进行。作业前必须制订作业方案并获得批准，填写审核工作票、操作票，进场前开展安全交底，严禁个人违反规程擅自行动。因此这种流程化的管理方式，非常适合导入手指口诵安全作业法，在一些流程步骤环节上应用手指口诵，达到确认、激活对风险危害的感受力和促进团队工作氛围的作用。

手指口诵安全作业法的"五步法"如图 1-9 所示。

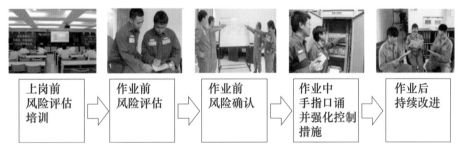

图 1-9 手指口诵安全作业法的"五步法"

上岗前风险评估培训：电网企业上岗前对员工进行危害辨识和风险评估培训，使员工掌握风险预知和控制的能力。内容包括：作业资格与危害辨识、作业风险评估技术、安全作业规程、根本原因分析技术、安全体感培训、事故事件案例回顾。在实训过程中开展手指口诵训练，熟悉本专业手指口诵内容。在培训期间，开展全体学员的安全承诺仪式，应用手指唱和形式，激发重视安全的意识。

作业前风险评估：对作业任务开展风险评估，使员工清楚其工作过程中的危害、风险及后果，熟悉其控制措施。内容包括：对现有作业任务开展基准风险评估、对新任务开展基于任务的风险评估。基准风险评估是每年根据电网运行、设备状况开展本专业的作业风险梳理，进行风险分析，判断危害分布、特性及产生风险的条件，制订相应的风险控制措施，梳理并发布本专业的作业基准风险库。以此为基础，在实施每次作业任务前，进行基于任务的现场风险评估，制定风险防范措施。

作业前风险确认：该步骤是在作业前对作业任务面临的风险进行确认，并根据现场实际可能新增的风险进行评估和确认，让参与本次作业的人员明确认识本次作业存在哪些作业风险，采取哪些防范措施，使风险控制措施符合现场实际，有效全面。手指口诵确认，做到风险和防范措施心中有数。在班组班前会上，使用安全管理板，列出作业面临的风险及控制措施，使用手指口诵的"手指唱和"的形式，对关键风险和控制措施进行确认，让班组成员确认知晓该作业的风险和措施。

作业中手指口诵，强化控制措施：在实施作业当中，严格执行作业五步骤和本作业的手指口诵动作要领、风险确认、措施确认。

作业后持续改进：作业后组织班组成员进行作业总结，实施持续改进和变化管理，确保作业发现的问题在下一个作业中得到消除。包括召开班后会、修正作业风险数据、实施作业后变化管理。班后会班组成员聚集一起追溯作业问题，并提出改进措施，改正不良作业行为，补充遗漏的动作要领。回顾追溯由班长（工作负责人）组织并提问，大家共同探讨，借助图板工具进行分析：①本次作业做得好的地方，哪些地方做得不够好？还潜藏着什么样的危险？②确认这是危险点吗？③如果是危险点，该怎么做？④大家一起明确下来应该怎么做？⑤有什么数据或风险变化了要更新的。

手指口诵安全作业法不能仅仅局限于工作岗位或作业过程，要贯彻于作业人员工作的始终，要从班前会、作业前检查、作业中、作业后、验收，从风险确认、风险控制措施确认、巡视数据确认、间隔确认等各环节都进行手指口诵安全确认。据此营造一个全过程的手指口诵氛围，实时提醒作业人员必须执行手指口诵安全作业法。

班前会上点名时，作业人员要起立答到，要求声音洪亮、精神饱满，值班人员根据作业人员答到的声音和精神状况，确认作业人员的身体状况、精神状态是否适合作业，对身体状况、精神状态不好，身体不适的作业人员，不得安排其参加作业；抽查确认作业人员对本次工作任务、操作流程、操作标准、作业风险及本班班前会内容等的熟知情况，对于不能熟练准确进行手指口诵安全确认演练的作业人员，要作为本班的重点安全监护对象，确定安全责任人，进行重点监护、帮教。

作业前，要检查作业人员的劳动防护用品是否齐全、完好，个人工具及防护用品是否正确穿戴，并进行确认；同时要再次确认作业人员的身体状况和精神状态。作业中，作业指导书以及现场临时辨识出的风险及控制措施要手指口诵。完工时，要对工作结果和现场条件进行撤离前确认。

交接班时，接班人员和交班人员要共同进行交接班巡视，对工作地点的安全环境、基建情况、设备安全状况、检修情况等进行安全巡视，在巡视过程中，双方对巡视对象及其状态进行手指口诵确认，对于巡视中发现的问题要确认处理意见，经双方确认后再交接班签字。有条件的，交班一方要手指投影交接内容，对接班人员讲清交接内容和注意事项，确保接班人员对交接内容清楚明确。

作业时，要对每个关键性步骤和控制措施进行手指口诵，有时需要连续性的手指口诵，即一边作业一边手指口诵；当作业过程中出现危险状态时，自我保护防范手指口诵可以提醒自己：这里或这样非常危险，处理不当要出安全问题。班组作业时，突出安全责任人的指导、协调及监护作用，专责监护人作业中应始终监护作业人员的作业行为和作业标准，按照作业流程和作业标准指导作业人员进行施工，作业人员按专责监护人的指令，按照作业流程、作业标准进行作业，并对作业中的关键步骤、重点工序及安全要点进行手指口诵安全确认。

作业结束，作业全部完成后，即将离开作业现场时的手指口诵的内容主要包括对现场作业环境、使用的设备、机械、器材、工具及作业质量进行安全确认。

通过营造全过程的手指口诵氛围，使作业人员能够自觉地在操作中执行手指口诵安全确认，并在操作过程中，能够熟练地掌握岗位操作流程和标准，准确识别操作中的关键步骤、重点工序及安全重点。表 1-3 为手指口诵各种应用形式在手指口诵安全作业法中的应用场合和作用。

根据电网企业专业特点和业务管理活动需要，形成了变电运行专业、输电运检专业、高压试验专业、一次检修专业、自动化专业、继电保护专业、信息通信专业、车辆交通管理等专业分类的手指口诵安全作业法。

表 1-3　手指口诵各种实践形式在手指口诵安全作业法的应用和作用

场合类别	形式类别	内容	作用
上岗前培训 手指口诵	手指口诵	训练和熟悉风险及手指口诵动作要领	熟悉和固定动作
	手指应和	齐声说出本企业安全文化理念和宣传语	重视安全的仪式感
作业前风险评估	—	—	—
作业前风险确认	手指应和	齐声说出本次作业风险点、危险点和控制措施要点	确认信息传递到每个人，大家都清楚，并在作业前进行风险确认
作业中 手指口诵	手指口诵	作业中，按本作业的手指口诵内容	提升意识、明确无误等
作业后 手指口诵	手指应和	齐声说出总结出来的本次作业安全行为欠缺之处以及补充的风险点或危险点、措施	提升团队意识和确定总结成果让所有人明白

1.3.2　手指口诵安全作业法的作用

电网企业的生产涉及巡视、操作、维护、定检、试验、消缺处理等作业任务，需要防范如高空坠落、高空坠物、触电、放电爆炸等危害人身安全的风险。

手指口诵通过心想、眼看、手指、口诵等一系列步骤，调动所有感官一起"工作"，使作业人员通过视觉、动作、语言等生理功能多方面强化印象。正是利用了这三个简单的动作，唤醒了作业人员的风险警惕心理意识，达到心、手、口协调一致，自觉地按照规定的作业顺序逐一做安全检查和确认，最大限度地避免因违纪或违章引发的各类事故。让员工对关键作业步骤的风险和控制措施做到"脑中想到""心里知道""手上做到""眼睛看到""口中说到"，从而提高安全作业质量，减少作业失误，培育员工自主管理意识。

手指口诵安全作业法通过调动身体各种感官，对人、机器、物料、环境、管理等生产工作五要素——做安全确认，确保人身所处的工作条件、机器设备所处的工作状况都处于安全状态，同时促使作业人员自身的意识清醒、思维清晰。手指口诵安全作业法的作用如图 1-10 所示。

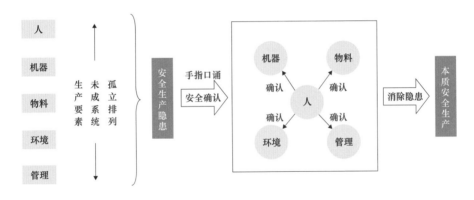

图 1-10　手指口诵安全作业法的作用

手指口诵安全作业法从生理学上讲是一种集中注意力、调动大脑活动、提高精神状态的方法，它促使员工在执行下一步作业之前，提醒自己检查确认作业条件是否处于安全状态，提醒自己下一步要做的动作，避免疏忽或误动而引发意外事故。

概括起来，手指口诵安全作业法可以发挥以下作用：

（1）可以集中作业者的注意力。电网企业工作压力大、日复一日从事枯燥单调的工作，容易引起作业者情绪低落或心理麻痹、注意力分散。手指口诵通过规范的动作刺激安全意识觉醒，通过心、眼、耳、口、手指向性地集中联动而不断刺激操者的大脑皮层，使大脑机能活跃化，处于能准确处理信息的状态，从而强制操作者集中注意力，促使操作者持久地保持高度的或相对的注意力。

（2）可以增强作业者的专注力和稳定性。手指口诵不但能够保证本次作业操作的定力，同时也能培养操作者的专注力品质，使操作者强制自己排斥各种干扰。

（3）快速启动作业程序。使操作者迅速进入作业状态，并把注意力稳定集中在作业上。

（4）提高作业的系统性、条理性和完整性。操作者通过手指口诵，可系统检查作业环境、逐一检查装备设施、认真核实必备的材料工具是否符合标准，严密审慎地分析当前的作业状况，及时准确地做出思考判断和选择，准确判断是否具备确保安全作业的正规操作的条件。

（5）提高操作的精确度。操作者通过手指口诵，能够精准地进行操作，实现作业关键点的明晰准确，减小误差偏差。

（6）提高判断力，避免操作失误。手指口诵安全作业法可对员工大脑形成强烈的刺激，避免操作时由于看错、听错、判断错，造成误操作，从而避免事故的发生。

1.3.3 电网企业推行手指口诵安全作业法的意义

手指口诵安全作业法对规范人的安全行为，防止违章作业、杜绝安全生产工作的随意性、习惯性起到了积极作用，对电网企业的安全生产，强化安全基础工作，深化安全精细化管理，防范事故的发生有着积极的推动作用和示范意义。因此，在电网企业推行手指口诵安全作业法，可以取得以下成效。

（1）有效降低作业失误率、降低违章率，提高安全管理水平。电网企业职工作业时间长，条件艰苦，工作性质单一，人员疲劳而判断失误等自身原因引发安全事故。纵观电力行业近年来大小伤亡事故的发生，如果采取手指口诵进行了安全确认，小到碰手碰脚事故，大到死亡事故，都是完全可以避免或控制的。因此，手指口诵安全作业法是事故教训的启示总结。

开展手指口诵安全作业法，要求每一个操作者在工作及重要工序转换时必须对操作行为进行安全确认，可以有效提高操作者的紧张意识，提高其对外界的注意力，防止注意力下降、精力不集中而产生的马虎松懈行为。推行手指口诵安全作业法，作业安全性提高了6倍，有效降低作业失误率和违章率。由于手指口诵在作业前、作业中和作业后都进行风险识别和措施确认，对人—机—环境进行安全确认，失误率大大降低，安全意识和安全态度得以改善。

（2）改善了心智模式，提升了职工技能。激发和调动了职工自主学习业务知识和掌握操作技能的积极性，规范并固化了人们的安全生产行为，把过去被动执行的内容转化成自觉执行的习惯行为，过去常见的习惯性违章行为明显减少。使职工的安全意识、业务技能、安全技能、自保互保能力明显提高，精神面貌更加振奋，实现了人与设备、人与环境的良性互动，在微观层面上实现了安全生产的超前预防预控。

（3）提升员工素质的一个有效载体。手指口诵安全作业法能够激发和调动职工自主学习的积极性，主动掌握岗位安全知识的职工越来越多，自我学习的积极性空前高涨，形成了人人争做岗位技术能手的良好氛围。实现了职工由"要我学"向"我要学"的转变，职工综合素质得到了快速、明显提升，安全作业的执行能力明显提高。

（4）强化现场管理的一项重要抓手。手指口诵安全作业法的工作过程，本身就是对工作流程、操作标准、危险源辨识等的强化记忆过程，通过无限次重复，相关内容可以固化进作业人员的意识当中，因此，手指口诵安全作业法的强力推行，可以达到管理与培训齐抓，过程与结果并重的目的，有效激活安全基础管理的每一个细胞，激发了电力安全管理的潜在能量，提升企业自主管理水平。可以说，职工每执行一次手指口诵，都是一次安全警示教育，都是一次安全隐患排查，充分体现了企业对所有作业现场每一时、每一处、每一人、每一事、每一物的安全有效管理。

（5）实现本质安全的一条有效途径。手指口诵安全作业法是按照《电力安全工作规定》和作业指导书的要求，实行精细化管理。通过全员对生产作业的全过程安全确认，能够及时消除每一个作业地点的每一道操作环节中物的不安全因素和人的不安全行为，在生产作业的全过程形成安全识别、确认和操作的闭环流程，实现人的注意力和物的安全管理的高度统一，从而达到消除隐患、避免违章、杜绝事故的目的，为实现本质安全提供重要保证。

通过班组、员工个体执行手指口诵安全作业法，真正实现了自主管理，班组及个体的安全意识得到提升，过去管理部门或人员强制推行的内容，现在变成了员工自我执行的内容，过去是"要我执行"，现在是"我要执行"。探索出员工自主安全管理的新模式。

通过全面推行手指口诵安全作业法，培养员工自觉执行岗位作业标准、作业流程的良好习惯，为打造高效职业化管理团队奠定了扎实的基础。

手指口诵相关研究及与其他管理的关系

2.1 生理学的相关研究

2.1.1 手指口诵的生理作用

手指口诵在防止基于人类的心理缺陷上的误判、误操作和防范事故隐患上起到一定作用。通过看着确认对象抬起手臂伸出手指发出声音，意识水平会急剧变化，头脑自然而然变得很清晰。

桥本邦卫（日大生产工学部教授）指出意识有五个等级，见表2-1。日常的常规操作基本都是处于第Ⅱ等级（正常放松状态），即便是处于第Ⅱ等级也需要给予为防止失误的人体工程学方面的考虑，同时进行非常规作业时，自己有必要切换到第Ⅲ等级（正常明快状态），这时手指口诵可以说是比较有效的。

另外还证实，手指口诵在危害辨识活动的实际操作案例中，对从第Ⅳ等级（过度紧张）切换到第Ⅲ等级时也是有效的。也就是说，手指口诵不仅仅是对增强意识等级（从第Ⅰ、Ⅱ等级提高至第Ⅲ等级）有效，对降低意识等级（从第Ⅳ等级降到第Ⅲ等级）也同样有效。

大脑生理学上也证实了以下事实。

（1）神经末梢的肌肉感知中，口腔周围的咬肌运动传递的刺激，对帮助大脑转换到清醒处理状态时起到了很大作用。

（2）手臂肌肉中的肌纺锤细胞组织可以激活大脑功能。

（3）除视觉感受外，"手指"动作可以带动运动知觉，"口诵"可以启动筋肉知觉和听觉等各个部分，由此强化意识印象、提高认识的正确性。

日本铁道综合技术研究所进行的"手指口诵"效果鉴定试验结果显示，相比"不采取任何行动"，"手指口诵的情况"失误产生概率约降至1/6以下，见表 2-2、图 2-1。

表 2-1 意识层次的 5 个等级

等级	意识状态	提醒作用	生理状态	可靠性
0	无意识	无	睡眠	0
I	意识模糊	易被忽视	疲劳、困	0.9 以下
II	意识正常	铭记在心	常规作业时	0.99 ～ 0.99999
III	意识清晰	积极推动	积极行动时	0.999999 以上
IV	过度紧张	执着于一点	感情混乱	0.9 以下

注：本表由日本大学生产工学部教授，桥本邦卫所编制。

表 2-2 手指口诵效果实验结果

实验行动项目	失误率（%）	100 分值
不采取任何行动	2.38	100
仅口诵	1.00	42
仅手指	0.75	32
手指口诵	0.38	16

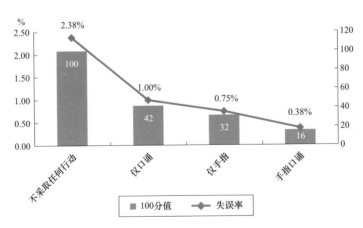

图 2-1 手指口诵效果实验结果

2.1.2 手指口诵的有效性实验

为确认手指口诵法的有效性，广岛大学大学院保健学研究科川田绫子等人分别在手指口诵和其他方法的实施过程中，通过在被测试者的前额上安装可同时测定 52 通道的 CH 检测探头，测量大脑前额叶的血液中氧合血红蛋白浓度变化量（HV）来反映大脑前额叶的活动量进行比较研究。

如图 2-2 所示，在手指口诵中，相比中部、后部，大脑前额叶的前部变化更多，而且左侧的变化也比右侧多，可以认为大脑前额叶前部的血液变化也有很大变化。考虑到前额叶前部的机能和语言认知相关，可以认为作为在作业任务中所进行的作业事项的确认方法，手指口诵法相比仅"默读法""手指法"和"口诵法"，刺激大脑活动的效果更明显。

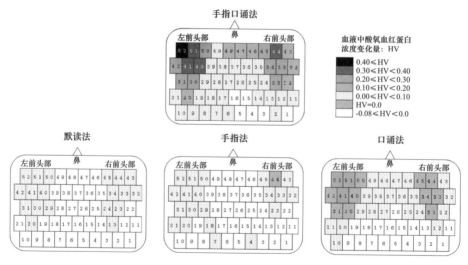

图 2-2　HV7 个部位各方法比较图

手指口诵法和其他任一方法的 HV 差的测定结果如图 2-3 所示；从"默读法"在左前额前部被认为是显著性差异，"手指法"在右前额叶前部被认为是显著性差异的现象观察可知；从手指口诵法通过锁定对象，伸长手臂，伸出手指，发出声音的方式，使大脑能准确地处理信息，改变意识水平，回归正常清醒的状态，被认为是活跃机能这个结果观察可知，既然在手指口诵法的情况下，大脑活动在左前额前部，右前额前部中都有很大变化，那么可推测前额叶的认知机能处于较活跃状态。

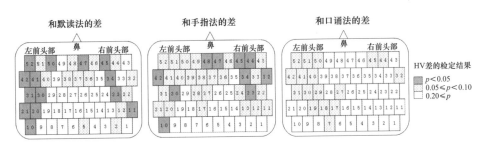

图 2-3 手指口诵与其他任一方法间的 HV 差

比较四种方法下 6 个脑部位中 CH 个数所占的比例（见图 2-4），在全部的脑部位中，手指口诵法中 CH 个数最多，高于其他 3 种方法。另外，在 6 个脑区域中，左前额前部中 CH 个数的所占比例最大，为 87%，所占比例最少的是右前额后部，为 37%。

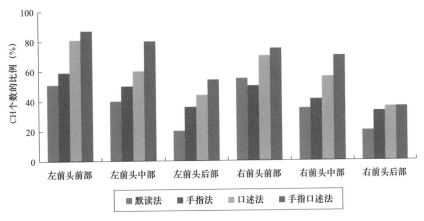

图 2-4 四种方法下不同脑部位 CH 个数所占比例的比较

因此，相比"默读""手指""口诵"法，在实施手指口诵法的情况下，基于基准状态下前额叶 HV 呈增加变化的部位范围大，可推测前额叶的血流量增加，以使大脑活动处于活跃状态。"用手指着"可刺激手臂的肌肉，"口诵"可刺激嘴周围的咬肌，耳朵听声可刺激听觉，这些都可以使大脑机能活跃化，处于能准确处理信息的状态，因此也就推测出在手指口诵法的情况下，HV 增多，前额叶的脑活动量大，可以激发认知功能的活跃度。从这些现象来看，手指口诵法作为作业过程中的确认方法动作，是有效可行的。

综合上述实验研究可知，相比其他方法，手指口诵的 HV 数量多，尤其是前额叶前部的脑活动量大，考虑到前额叶前部的机能和语言认知相关，通过在作业准备阶段中，选用手指口诵法对作业事项进行确认，推测出思考或判断、意识、集中注意力等认知机能处于活跃状态，进而考虑到可以应用于预防事故，因此从确认方法的角度考虑，手指口诵法确实最为合适。

2.1.3　体验手指口诵效果的实验

手指口诵预防失误的效果不只在实验室的实验中得到验证，心理学上也验证了其效果。以日本的芳贺繁等人的研究比较具有代表性。芳贺繁等人就"选择并按压与电脑屏幕显示的信号同一颜色的反应按钮"这一问题，测试了一边进行手指口诵、单单进行手指、或者单单进行呼喊，一边作业的失误率，将此失误率与只进行作业的失误率进行了对比实验，如图 2-5 所示。实验结果显示，相比毫不手指、呼喊的作业，进行手指口诵的失误率较低。

（1）可以预防失误的原因。手指口诵有 5 种防止失误的效果。图 2-5 分别介绍了手指 / 呼喊因素的效果。首先，手指的效果如下：容易瞩目需确认的对象，防止看错；拖延反应，可以防止掺杂个人习惯以及慌乱等。呼喊的效果有: 耳朵接收到信息, 可以加强行为的记忆, 减少不安; 耳朵接受信息容易察觉到失误, 防止掺杂个人习惯以及慌乱等。另外, 手指口诵有通过伴随肌肉活动保持清醒水平, 可以防止恍惚。

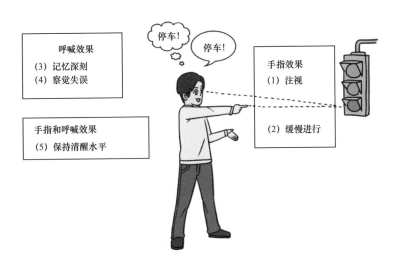

图 2-5　手指口诵预防失误的效果

(2) 体验手指口诵的效果。从工作现场的调查发现, 部分企业的手指口诵已变得形式化, 出现没有继续进行下去的情况。为探究原因, 就"假如不进行手指口诵, 你觉得是什么理由"这个问题, 询问了 295 名正在进修驾驶员的列车员, 调查结果见表 2-3。排在前列的原因是"作业简单熟悉""即使不手指口诵也不会失败", 因此无法实际感受到手指口诵的必要性与之息息相关。手指口诵起源于工作现场中的手指及口诵应答等创意, 但是, 由于现在的作业环境不断改善, 较少产生失误, 作业人员很难体会到它的效果。即使作业人员了解到手指口诵有预防失误效果等实验知识, 如果不能体会其效果, 也感受不到其必要性, 也就有可能不进行手指口诵。另外, 如果不理解手指口诵在什么样的原因或场合下有效果, 有可能心不在焉地进行手指口诵, 流于形式, 或者放弃进行。

表2-3 假设不进行手指口诵时的原因

序号	原因	人数
1	作业简单熟悉	87
2	即使不进行手指口诵也不会失败	63
3	时间紧	28
4	麻烦	21
5	警戒变得疏忽	20

为解决此类问题，日本的铁路综合技术研究所开发了SimError软件教材，它可以在电脑上体验手指口诵预防失误的效果，实际感受到手指口诵的必要性。SimError有两个特点。第一，可以在短时间内体会到手指口诵预防失误的效果。通过使用这个软件教材，可以在电脑上体会到平时业务中无法感受到的手指口诵预防失误的效果，体会到手指口诵的必要性。第二，学习手指口诵可以预防失误的原因。人在毫不知道原因的情况下，即使被要求"总之去做"，也很难付诸行动。只有在知道原因之后才更容易付诸行动。

SimError软件通过体验数点数、猜拳、记颜色、瞬间判断、钟表这5个问题，可以体会到预防失误的5种效果。另外，通过一个个问题体验预防失误的5种效果，可以系统性地学习手指口诵为什么可以预防失误。在这5个问题中，数点数、猜拳体验手指的效果，记颜色、瞬间判断体验呼喊的效果，钟表体验手指和呼喊这两方面的效果。这些问题是在检验手指口诵预防失误效果的过程中获得知识这一基础上提出的。表2-4显示了5个问题的意义。

表2-4 5个问题的意义

问题	手指口诵的因素	因素的功能	可以预防的失误	作业案例
数点数	手指	停留视线	认错相似事物	确认信号、机器状态、作业
猜拳		延迟反应	掺杂个人习惯、慌乱	确认信号、机器状态、作业

续表

问题	手指口诵的因素	因素的功能	可以预防的失误	作业案例
记颜色	呼喊	强化记忆	犹豫是否进行的不安	确认信号、机器状态、作业
瞬间判断		察觉失误	掺杂个人习惯、慌乱	确认信号、机器状态、作业
钟表	手指口诵	保持清醒	恍惚	单调作业、监视作业

（3）体验结论。如图 2-6 所示，案卷调查验证了使用 SimError 体验教育的效果。

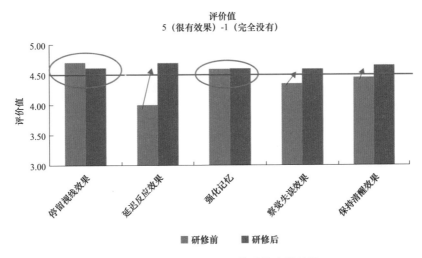

图 2-6 使用 SimError 体验教育的效果

正如前面介绍的手指口诵的每项预防失误效果：①手指比不指更能将视线和注意力放在需确认对象上（停留视线效果）；②手指可以缓慢确认情况（延迟反应效果）；③呼喊比不进行呼唤更加印象深刻（强化记忆）；④呼喊比不进行呼喊更容易察觉失败（察觉失误效果）；⑤进行手指口诵比不进行更不易恍惚（保持清醒效果）。

图 2-6 是研修前后，认为有 5 种效果的 5 个阶段数据结果。

根据结果，研究前认识较高的，停留实现效果和加强记忆效果虽并无提升，但对延迟反应效果、察觉失误效果、保持清醒效果的认识都得以加强。另外，研究后每项效果都达到了 4.5 以上，可以看出上述动作都获得了很高的认识。

2.2　手指口诵与安全文化

安全文化（Safety Culture）是 1988 年国际核安全咨询组（International Nuclear Safety Group，INSAG）首次提出的术语，在其《安全文化》报告中给出定义：安全文化是存在于单位和个人中的种种素质和态度的总和。英国健康安全委员会核设施安全咨询委员会对 INSAG 的安全文化定义进行修正：企业的安全文化是个人和集体的价值观、态度、能力和行为方式的综合产物，它决定于健康安全管理上的承诺、工作作风和精通程度。我国安监总局 2008 年发布的行业标准中对安全文化定义为：企业安全文化是被企业组织的员工群体所共享的安全价值观、态度、道德和行为规范组成的统一体。从上述机构对安全文化的定义来看，将"Safety Cultrue"理解为"安全修养"或"安全素养"似乎更为确切，安全文化的含义属于精神的范畴。

安全文化是企业文化的核心部分，其实质就是通过在企业内部创造一种良好的组织环境，通过各种专业或技能培训提高全体员工的知识和技能，以及有意识地培养员工良好的工作习惯、安全意识和态度，从而改进员工安全行为和企业的安全绩效，整体提高企业的竞争力。只有安全文化与员工的生产实践紧密结合，通过文化的教养和熏陶，不断提高全体员工的安全修养，才能在防止事故发生，保障安全生产方面真正发挥作用。

安全文化自提出以来蓬勃发展，逐步成为电网企业安全管理工作的蕴涵。在电网企业开展安全文化建设，就是建立在电网生产过程中保护员工的健康、尊重员工的生命、实现员工价值的文化，是电网企业的组织与员工安全活动所创造的安全生产和安全生活的观念、行为、物态的总和，充分体现了安全文化"以人为本、安全第一"的核心理念。

2.2.1 电网企业安全文化的发展阶段

由于不同的电网企业有很大的差异，而这些差异正是体现了不同电网企业间不同的安全文化发展水平或阶段。通常地，根据不同电网企业在理解并接受人员行为和态度能影响安全这一问题上的不同表现，大致可将安全文化的发展分成三个阶段。需要说明的是，任何一个电网企业可能随时表现出每个阶段所列要求的任意组合。

第一阶段，只以满足法规要求为基础的安全意识。

在这一阶段，安全文化的建设尚处在初级阶段，电网企业认为安全只是一个来自政府或管理部门的外部要求，而不认为是支持成功组织的一个重要方面，对人员行为和态度能影响安全知之甚少，并不愿更多考虑这方面的问题。安全很大程度上被视为纯技术问题，仅仅认为满足安全方面的法规标准就足够了。

第二阶段，良好的安全绩效成为组织的一个目标。

在本阶段，即使没有来自管理当局的压力，整个电网企业也已有重视安全绩效的管理。尽管对人员行为与安全的关系渐渐有所认识，但它在主要借助技术和程序途径来解决问题的安全管理措施中却往往被忽视。安全绩效的提高与其他业务一起开始追求目标管理，电网企业开始寻找安全绩效得不到进一步提高的原因并想要寻求其他兄弟单位的援助。

第三阶段，安全绩效总是不断得到提高。

电网企业已接受了应不断改进提高的概念，并将它应用到安全绩效的管理中。电网企业特别重视交流、培训、管理模式的建设，并不断提高工作的效率和有效性，每个成员都能为此积极努力。电网企业内存在着有利于电网企业提高的行为，也存在不利于进一步提高的行为。因此，大家都认识到行为问题对安全的影响。由于对行为和态度问题的认识比较全面，所以有相应的措施来提高人员表现，这样的提高循序渐进，永不停止。

中国南方电网有限责任公司在制定安全文化建设评价标准时，认为企业安全文化是指被企业的员工群体所共享的安全价值观、态度、道德和行为规范组成的统一体，是企业文化的重要组成部分。通过建设具有自身企业特色的安全文化，让员工在科学文明的安全文化主导下，创造安全的环境，通过安全文化的渗透，来改变员工的行为，使之成为自觉的规范的行动，中国南方电网有限责任公司依据自身安全文化发展特点，将安全文化发展具体从初级到高级划分为经历六个阶段，见表2-5。与我国颁布的安全生产行业标准AQ/T 9005—2008《企业安全文化建设评价准则》中对安全文化建设水平层级相符合。

表2-5 安全文化发展的六个阶段

序号	安全文化发展阶段	主要要求
1	本能反应阶段	企业认为安全的重要程度远不及经济利益。 企业认为安全只是单纯的投入，得不到回报。 管理者和员工的行为安全基于对自身的本能保护。 员工对自身安全不重视，缺乏自我保护的意识和能力
2	被动管理阶段	企业认为事故无法避免，没有或只为应付监察而制定安全制度。 安全问题并不被看作企业的重要风险。 只有安监部门承担安全管理的责任。 违章行为比较普遍
3	主动管理阶段	认为事故是可以避免的，认识到安全承诺的重要性。 安全被纳入企业的风险管理内容。 管理层认为多数事故是由于一线工人不安全行为造成的。 注重对员工行为的规范。 关注职业病、工伤保险等方面的知识。 大多数员工愿意承担对个人安全健康的责任。 企业意识到有关管理政策，规章制度的执行不完善是导致事故的常见原因。 事故率或违章行为开始持续降低

续表

序号	安全文化发展阶段	主要要求
4	员工参与阶段	具备较为系统和完善的安全承诺。 建立起较完善的员工参与安全工作的平台。 绝大多数一线员工愿意与管理层一起改善和提高安全与职业健康水平。 事故率稳定在较低的水平。 员工积极参与对安全绩效的考核；企业建有完善的安全激励机制。 员工可以方便地获取安全信息
5	团队互助阶段	一线员工愿意承担对自己和他人的安全健康责任。 多数员工认为无论从道德还是经济角度，安全与职业健康都十分重要。 提倡健康的生活方式，与工作无关的事故也应控制。 承认员工价值，认识公平对待员工于安全十分重要。 更注重情感的主动沟通与交流，更注重安全经验和安全信息的主动分享。 员工意识到违章对他人安全造成威胁，并认为是一种耻辱
6	持续改进阶段	员工共享"安全健康是最重要的体面工作"的理念。 企业采用更多样的指标来展示安全绩效。 积极防止非工作相关的意外伤害。 企业不满足于长期（多年）无事故和无严重未遂事故记录的成绩并持续改进。 安全意识和安全行为成为多数员工的一种固有习惯。 安全成为企业的名片

2.2.2　安全文化对员工行为意识的作用

所谓行为，就是受思想支配而表现出来的活动。所谓意识，就是人的头脑对于客观物质世界的反映，是感觉、思维等各种心理过程的总和，其中的思维是人类特有的反映现实的高级形式，存在决定意识，意识又反作用于存在。安全行为意识，即是把安全这种行为的意识牢固地反映在人的头脑中，简而言之，就是安全这根弦怎样才能时刻绷紧，人的感觉、思维是否把安全集中体现在工作的全过程，是人们对各种有可能造成自身及他人伤亡或其他意外事故的各种条件所保持的一种戒备和警觉的心理状态。

员工安全行为意识是建立在员工的安全需要基础上的，以及对事故致因条件的认知能力为前提，即员工的安全行为意识的高低取决于员工的安全需要和对危险因素的认知能力，过低的安全需要会表现为把生命当儿戏，危险认知能力的缺乏则表现为冒险蛮干而不知其危险的存在。

安全文化是以企业员工关注的生命价值为出发点，以企业安全发展为落脚点的人文文化，加强安全文化建设，是提高电网企业员工安全行为意识的重要举措，也是电网企业文化的重要组成部分。安全文化在员工安全行为意识中能够发挥导向作用、凝聚作用、教育作用、规范作用，最大限度地保障员工身心健康和生命安全，为企业发展提供坚实的安全保障，确保企业长期稳定。

导向作用： 通过塑造安全文化环境与氛围，不断开展安全文化宣传和教育，使广大员工逐渐明白什么是正确的安全意识、态度和信念，树立科学的安全观念、理想、目标、行为准则，给企业安全生产经营和日常安全生活提供正确的指导思想和精神力量。先进的安全文化可以潜移默化地影响员工，指导规范员工的安全行为，对企业安全发展有直接推动与促进作用，反之则会产生负面影响，因此，安全文化对员工的导向作用十分重大。安全文化是隐性管理，是原则性导向，又有明确性的标准规则，它对员工的思想和行为直接产生影响。让企业安全文化与员工行为合二为一，是安全文化导向作用的终点。

电网企业加强安全文化建设，符合电网企业管理的要求，有利于员工从思想深处提高对安全工作重要性的认识，增强自觉做好安全工作的责任意识和主动意识，促进人人重视安全工作良好局面的形成。电网企业必须以人为本，贯彻落实科学发展观，承担经济责任与承担政治责任、社会责任相统一的高度，增强建设安全文化的自觉性。

凝聚作用： 安全文化的内涵是以人为本、尊重人权、关爱生命的文化。通过建设具有企业特色的安全文化，体现出生命至上的理念，尊重人、爱护人、信任人，建立平等、互尊互敬的人际关系，统一了企业员工共同的安全价值观，使全体员工在安全上的观念、目标及行为准则等方面保持一致。通过安全文化的传播、宣传和教育，潜移默化影响全体员工的安全文化思想、意识、情感和行为规范，形成人人要安全，人人会安全，人人为安全尽义务、做贡献的新风尚，显示出先进的安全文化对企业安全发展产生的巨大推力，形成强大的凝聚力和向心力。

电网企业通过广泛的宣传教育，增强员工投身安全文化建设工作的信心。电网企业的安全工作涉及每一个人的切身利益，每一个人都可能是安全生产事故的受害者，也可能是安全生产事故的行为人，安全工作既是企业管理者的事，也是全体员工的事，由此，安全文化建设也是每一名员工共同的事情，坚决把安全文化建设融入电网企业管理的全过程，把追求效果放在第一位，坚持形式为内容服务，形式服从效果，通过形式多样的学习宣传，促使安全文化深入人心。

教育作用： 企业推行安全文化的过程，就是培育员工安全意识、安全知识、安全技能的过程。企业通过安全文化建设，能有效地提高员工的安全文化素质。通过安全文化的教育功能，采用各种安全文化教育方式，对员工进行安全教育包括各种安全常识、安全技能、安全态度、安全意识、安全法规等，从而能够激励员工的主动性与创造性，使员工的安全行为意识从内心深处产生一种积极奋进的效应，主动在实际生产生活过程中去做好安全工作。

电网企业在日常的安全宣传教育工作过程中，应充分利用各种媒介，采取各种有效手段和形式，开展对国家安全生产方针、政策、法规、标准以及安全生产与事故预防的知识、安全操作规程、安全技术技能的宣传教育，广泛开展安全工作研讨、领导干部话安全、安全大讨论、安全回头看、安全事故案例分析、各种安全主题演讲、安全文章发布、安全工作例会等，同时利用各种艺术形式和传播载体，传播安全文化和展示安全工作成绩，努力营造浓厚的安全文化氛围，不断增强干部职工的安全行为意识和信心。同时，要不断拓展宣传教育形式，创新宣传教育载体，让安全文化贴近实际、贴近基层、贴近生活、贴近一线员工，不断增强吸引力、渗透力和影响力。

规范作用： 企业安全文化具有有形和无形的规范约束功能。有形的是国家的法律条文、企业的规章制度、约束机制、管理办法和环境设施状况，是对企业、干部职工的思想、行为以及环境设施进行安全性的规范和约束。无形的安全文化是共同认可的安全价值观、安全观念和理想。通过安全文化的宣传和教育，使员工能够加深对安全规章的理解和认识，从而对员工在日常生产活动中的安全行为起到规范作用和保障安全的作用，在功能上能形成一种自觉的约束力量。同时这种有效的"软约束"可以规范企业环境设施状况和职工群体的思想、行为，使企业生产关系达到统一、和谐，维护和确保企业和广大职工的共同利益。

在电网企业的安全文化建设中，应注重加强对电网企业自身特点的研究，在形成共同的行为理念和安全价值观的同时，还要根据各站点和班组的实际，建设针对不同班站安全的子文化，从而实现每一个专业班组都有自己一套符合企业安全生产要求的安全行为意识规范。同时，由班组员工共同创建出具有鲜明个性特色的班组安全文化，发动广大职工对安全文化建设工作提出合理化建议，把安全文化建设与电网企业的创先争优、劳动竞赛、文明创建、思想政治工作研究等结合起来，充分发挥安全文化在安全行为意识塑造中的规范作用。

2.3 手指口诵与安全行为干预

安全行为干预是指在人的行为过程中，采取明确有效的措施，预测、引导和强化安全行为，避免或抑制不安全行为的出现，改善有不安全行为征兆或正在实施不安全行为的人可能导致事故发生的各种条件，以防止事故的发生的行为。

事故的发生离不开"人—机—环境"三个方面，其中人是生产活动的主体，实现既定目标的关键，同时也是激发事故的主要因素。人的不安全行为是最主要的导致事故因素，如果能够控制不安全行为的发生，减少其数量，必然会降低事故发生的可能性，对安全工作起到非常积极的作用，即需要开展安全行为干预。传统安全管理方式侧重于物的研究，对人的不安全行为重视程度不够，随着电网企业的安全文化建设推进与深化，重视对人的不安全行为的积极干预，对防止事故发生发挥了积极的作用。

手指口诵安全作业法是安全行为干预的方法之一。由于人的影响因素和表现是多样化的、动态的，为了更全面系统地防范人的不安全行为，在电网企业的安全行为干预工具箱中，还应该有其他的一些方法，针对人的不安全心理和不安全行为分别进行干预。

在本章中，编者首先介绍国内研究人员对习惯性违章行为形成过程模式的研究成果以及治理违章行为的斜坡理论，再结合安全心理与安全行为影响因素，提出一些安全行为干预的策略方法，形成一套安全行为干预体系，与手指口诵安全作业法结合一起使用，有助于电网企业对员工的不安全行为进行干预和纠正。

2.3.1 习惯性违章行为形成模式及治理机制

牛莉霞等人以矿工为研究对象，分析习惯性违章行为（habitual violation behaviors，HVB）的形成机理，提出了习惯性违章行为形成过程模式。通过了解这一模式，对电网企业开展安全行为干预和建立安全行为干预体系有较大的裨益。

习惯性违章行为的形成过程模型见图 2-7。

经研究发现，在违章行为习惯化的过程中，作业人员的生理学行为模式和心理学行为模式在不同阶段发生着不同的作用。不管是有意识的行为还是无意识的行为，其发生都有特定的情境，并且在形成过程中存在不同的影响因素。大多数行为都是有意识的，除非受到外界较大的干扰如巨大的声音、突然碰触的动物或物体而产生的无意识的生理反应。

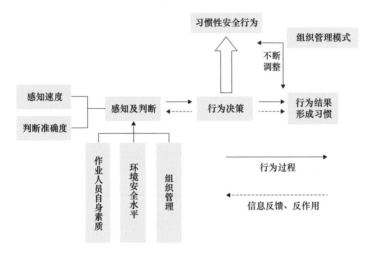

图 2-7　习惯性违章行为（HVB）形成过程模型

作业人员在做出行为决策时，首先发挥作用的是生理学行为模式，即作业人员通过眼睛、耳朵、皮肤等人体器官感知及判断周围与任务相关的环境，获取重要信息。在这个环节，注意力、感知速度和判断准确度就成了干扰行为决策的重要因素，同时作业现场的物理环境，如光照、温度、湿度、色彩和噪声等也会影响作业人员的注意力和判断力。当获取的重要信息送达到人脑，人脑对信息进行分析处理，然后根据其安全记忆，做出行为决策。在这个阶段，除了受到作业人员的个人素养、作业环境和组织管理等因素的影响，过去行为也是干扰行为决策的重要因素。在做出行为决策时，个体的心理学行为模式将发挥作用，在信息刺激下作业人员的基本需要——生理需要和安全需要唤起，此时需要作为基本动力就会推动产生相应动机，动机支配行为产生。在这个阶段，安全意识、自制力就成了干扰行为决策的重要因素。作业人员在行为决策环节产生特定行为后，结合当前情景中的其他因素，便会产生一定的行为后果。

当作业人员受当时心理、情绪、利益驱动或安全意识不强等因素影响时，便会低估风险的危害性，产生违章行为，这种行为的发生既有其主观故意性，又有隐藏性。这种行为产生后，若没有造成不良后果，作业人员便会喜好这种行为决策，作业中生理需要大于安全需要，久而久之，一旦形成一定习惯，在情景刺激下便会自发地、无意识地重复这种行为选择。

当作业人员由于自身知识技能欠缺或辨识能力不足而违反作业流程及规程时，若没有产生不良后果，也没有人提醒告知，则他在今后作业中不管遇到什么情况都会习惯性地选择这种行为方式。如，新入职上岗员工对班长或师傅依赖性很强，不管师傅教什么，都全盘接受，或者模仿班组其他成员的作业方式，必然沿袭了一些不良的行为习惯方式。这种违章行为在不断的模仿固化下，一旦形成，即使面临危险情境时，因大脑反应迟钝，也很难应急性地改变行为决策方式，尤其在快下班和生理疲劳时更是如此。

当作业人员身心条件都无法满足机器装备的生产性要求时，便会不得已选择与作业流程及规程相悖的行为方式。当机器装备不满足生产作业要求时，这种行为便会持续，进而形成一种习惯性行为方式。

在整个习惯性违章行为形成过程中，四个环节都会受到作业人员的个人素养、作业环境和组织管理因素的影响。当上述违章行为决策形成习惯时，就需要在外界刺激促动下，自发地或强制地进行调整，而回归到理想的行为习惯状态。

习惯性违章行为的形成大致分为三个阶段，第一阶段通常是行为演化的第一周，这周作业人员从偶发性违章行为中获利，对行为结果的认知使得他刻意去复制或模仿这种行为，这一阶段行为选择具有"刻意、不自然"性；第二阶段通常是行为演化的第二、三周，这两周只要作业人员之前的违章行为没有造成事故后果，他就会继续刻意重复违章行为，演化成一种"刻意、自然"的行为选择；第三阶段通常是行为固化的第四到第十二周，即三个月，作业人员重复的违章行为就可以形成一种定型化的习惯行为，表现出"不刻意、自然"的特点。

针对习惯性违章行为的治理要从各个影响方面入手，从短期内最有利于改变习惯性违章行为及影响力最大的因素着手。在治理过程中，不仅要对旧的不良行为习惯矫正，而且要塑造良好的行为习惯。

结合海尔的斜坡球体定律，提出了 HVB 治理斜坡球理论如图 2-8 所示，将作业人员习惯性违章行为的治理视为在坡上运动的物体，将作业人员习惯性违章行为的属性特征视为其质量，物体的运动状态内在地受其质量影响。促进作业人员习惯性违章行为的治理（习惯性遵章行为养成训练）的动力有：

$F_{止}$：基础管理水平是 HVB 治理的止动力；

$F_{牵}$：安全文化是 HVB 治理的牵引力；

$F_{推}$：激励机制和监管机制是 HVB 治理的推动力；

$F_{阻}$：作业环境压力、心理因素如惰性和侥幸心理等是 HVB 治理的下滑力。

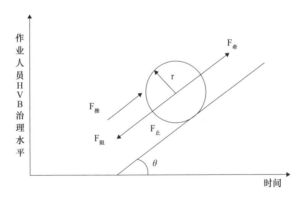

图 2-8　HVB 治理斜坡球理论分析

企业基础管理工作是强制治理作业人员习惯性违章行为的保障，是防止球体下滑的止动力。企业基础管理工作，如各项安全管理制度的执行是否到位，能否严格按照安全作业流程及规程办事等。基础性管理工作是作业人员完成工作任务而提供资源的依据和基本手段，是生产活动有序进行的重要保证。进行作业人员习惯性违章行为治理的必要条件就是抓好企业的基础管理工作。

安全文化作为牵引力是引领 HVB 治理水平进一步提升的主要力量。良好的安全文化有利于正确引导作业人员的安全行为意识，提高员工安全素养，克服其不良心理状态并稳定情绪，从而促进其做出正确的生产作业行为决策。受良好的安全文化的影响，作业人员能够提高自身对无意识违章行为和有意识违章行为的控制。

激励机制和监管机制作为推动力是治理 HVB 进一步前进的力量。尤其是激励机制，它是行为调整过程中的一种正向强化。激励机制能通过满足作业人员的需求，激发作业人员的安全动机，增强其行为内在动力，促使行为选择向积极方向发展。治理动力来源于全体人员共同的安全心理需求，尤其是积极的安全情感体验。激励机制还是保持作业人员积极性和热情的稳定剂。同时，负强化和惩罚等监管措施对作业人员某种不合期望的违章行为起到约束作用。

作业人员习惯性违章行为治理的阻力是指阻碍治理水平上升的力量，主要包括：作业环境压力和作业人员不良心理因素，如惰性和侥幸心理等。作业环境压力具有一些基本心理特征，主要表现为情绪性和动力性。情绪性是指作业人员有心理压力时总带有明显紧张的情绪体验的特性；动力性是指心理压力对作业人员行为的调节作用。作业环境压力会严重影响 HVB 治理的顺利进行，关注作业环境压力，首先要重视它的职业特性：①作业环境复杂恶劣，面临很大的人身安全风险，要面临工作环境也要面临各种自然灾害以及生产设备隐患带来的伤害，随时有受伤和失去生命的危险。②劳动强度大。③管理简单粗放，缺乏人性化关怀。④文化层次低，情绪自我调节能力差。以及自身心理因素的干扰。如果忽视了作业人员心理因素的作用，就会使得人本能的惰性驱使作业人员在作业中违反章程，省时省力，而侥幸心理的驱动又会让作业人员低估风险的危害性。因此，必须采取一定的管理手段，消除或减轻作业环境压力和人员的不良心理因素。

2.3.2 安全行为的心理因素和情绪因素

人类的心理特征的特性，造成了人的不理智行为的发生。这些不理智的行为最终极有可能在安全生产活动中导致事故的发生，应该引起管理者的注意。造成人的不理智行为的消极心理原因有十六种情况，见表2-6。

表2-6 造成人的不理智行为的消极心理原因

序号	心理原因和情绪原因	不理智行为的消极表现
1	侥幸心理	明知故犯；抱有"违章不一定出事，出事不一定伤人，伤人不一定伤己"的心理
2	惰性心理（或省事心理）	干活图省事，嫌麻烦；节省时间，得过且过
3	麻痹心理	高度紧张后精神疲劳；松松垮垮，不求甚解，自以为是
4	逆反心理	当面顶撞，不但不改正，反而发脾气，或骂骂咧咧，继续违章；表面接受，心理反抗，阳奉阴违，口是心非
5	逞能心理	争强好胜，能力不强但自信心过强，不思后果、蛮干冒险作业；长时间做相同冒险的事，无任何防护，终有一失
6	凑趣心理（或凑兴心理）	喜欢凑热闹，寻开心忘乎所以；开过火的玩笑，产生误会和矛盾
7	冒险心理	理智性冒险，明知山有虎，偏向虎山行；非理智性冒险，受激情的驱使，有强烈的虚荣心，怕丢面子，硬充大胆
8	从众心理	自觉从众，甘心情愿与大家一致违章；被迫从众，表面上跟着走，心理反感
9	无所谓心理	表现为遵章或违章心不在焉，满不在乎；认为章程是领导用来卡人的；对安全问题谈起来重要，干起来次要，比起来不要，不把安全规定放眼里
10	好奇心理	好奇心人皆有之，感觉很新鲜，乱摸乱动
11	情绪波动、思想不集中	顾此失彼、手忙脚乱；高度兴奋导致不安全行为
12	技术不熟练、遇险惊慌	对突如其来的异常情况，惊慌失措，甚至茫然；无法进行应急处理，难断方向
13	工作枯燥、厌倦心理	从事单调、重复工作的人员，容易产生心理疲劳和厌倦感；不断重复无变化的、缺乏自主性，感觉不到有意义和重要性

续表

序号	心理原因和情绪原因	不理智行为的消极表现
14	错觉下意识心理	个别人的特殊心态，一旦出现，后果极为严重； 错觉是有刺激物的情况下发生的，一般不会消失（不同于幻觉）
15	心理幻觉近似差错	莫名其妙的"违章"，其实是人体心理幻觉所致
16	环境干扰判断失误	在作业环境中，温度、色彩、声响、照明等因素超出人们的感觉功能的限度时，会干扰人的思维判断，导致判断失误和操作失误

根据人的心理特性，研究作业者对自身安全和集体安全问题上的心理活动，可以及时发现人的不安全行为及其心理状态，以便采取补救措施，从心理学的角度防止各类事故的发生。

每个人都有各种心理的特性，作为管理者，要善于利用人的心理特性为我所用，为安全工作所用。在人的心理特性中以下的心理特性可以发挥积极的作用：

（1）自卫心理。每个人都有害怕被伤害的自卫心理，这是一种强烈而普遍的心理特性。经历过事故的人或事故的受伤害者，一般自卫心理很强，安全意识很高。而对于没有事故经验的人自卫心理就要差一些，提高这些人的自卫心理对于安全是必要的。

（2）人道心理。人们普遍不愿意看到血淋淋的场面，希望他人少受伤害是人们广泛具有的心理。挖掘和利用这一心理特性，可以减少人们的违章行为，增加团体的合作。

（3）荣誉心理。受到人们对自己工作的肯定和赞许一般人都会产生满足感，利用好这样的心理特性，可以有力地调动人们对安全工作的积极性。

（4）责任心理。责任心理是指人们认清自己义务的心理特性，责任心理因人而异，责任心理强的人可增加其在安全工作中所负的责任，担负起重要的工作。

（5）自尊心理。自尊心理来自于人们对自己价值的认识。对员工的违章行为适当地进行批评或公开曝光，可以激发起他们的自尊心，使他们认识到自己的错误，从而改变不良行为。

（6）从众心理。由于人们都或多或少具有从众心理，害怕被孤立，因此，不可以将有违章习惯的人组织在一个团体中，而应该予以分散，让违章者在团体中永远属于极少数，违章者自己就会受到遵章守纪者的影响而改变自己的习惯。

（7）恐惧心理。恐惧心理是人们对危险所做出的心理反应。在恐惧心理的作用下，人们对危险总会本能地做出一定的行为反应，而这种行为是恐惧心理的自发结果，集中表现了人们对于安全的需要。面对危险，人们总是小心翼翼，注意力高度集中。恐惧心理对于防范事故发生的作用是显著的。

而情绪是人们对客观事物特殊反映形式。任何人都有喜怒哀乐的情绪。情绪反应通常伴随着行为反应的发生，并随着行为的变化而变化。根据情绪的不同，情绪状态可分为心境、激情、应激。

（1）心境。心境是一种使人的一切其他体验和活动都感染上情绪色彩的比较持久的情绪状态。心境对人的生活和工作有很大的影响，积极、良好的心境有利于人的积极性的发挥，提高效率、克服困难；消极不良的心境使人厌烦、消沉、急躁、烦躁，使失误率增加，容易造成事故。

（2）激情。激情是强烈的、暴风雨般的激动而短促的情绪状态。激情有很明显的外部表现，它笼罩着整个人，处于激情状态下，人的认识活动范围会缩小，理智分析能力受抑制，自控能力减弱，这些，对于安全工作是不利的，往往会造成事故的发生。

（3）应激。应激是出乎意料的紧张情况所引起的情绪状态。人在面临危险时，需要迅速判断情况，瞬间做出决定，利用过去的经验，集中注意力果断地做出行为反应。应激的情绪状态在事故发生时对处理事故是有利的，但如果人长期处于应激状态，会导致精神状态因长期紧张而迟钝，危险就有可能发生。

2.3.3 员工不安全行为干预策略

安全行为干预（safety behavior intervention）是指在人的行为过程中，采取明确有效的措施，预测、引导和强化安全行为，避免或抑制不安全行为及心理的出现，改善那些有不安全行为征兆或正在实施不安全行为的人可能导致事故发生的各种条件，以防止事故的发生。

为了更系统地提出员工不安全行为干预策略，首先应进行员工不安全行为影响因素分析。由习惯性违章行为形成过程模式可以看出，员工不安全行为的影响因素大致可分为两大类别四个方面：

第一类是员工个体方面的因素，主要指员工的生理与心理特质等个体特征因素，属于不安全行为发生的内部因素。

第二类是作用于员工个体特征的外部因素，包括作业机械设备、作业环境和组织安全管理等 3 方面，属于不安全行为发生的外部因素。组织安全管理不仅作用于员工个体，还对员工的作业环境及使用的作业机械有重要影响，从而对员工个体行为的安全性产生间接影响。

不安全行为四方面影响因素间的基本关系 [5] 如图 2-9 所示。

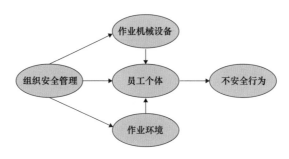

图 2-9　员工不安全行为影响因素分类

1. 个体因素

员工个体因素是指因员工自身的安全知识、安全技能、素质修养偏低，操作经验不足、注意力、反应速度、心理状况和情绪稳定性等方面难以满足安全操作规程要求时，就有可能出现疏忽或遗忘，导致非意向性不安全行为的发生。

此外，员工个体对不安全行为的风险认知偏差、自我效能、人格控制点、事故体验、安全知识等都会显著影响到员工的不安全行为意向，如果缺乏有效的干预和控制，则极易导致员工不安全行为的发生。如果员工的工作与生活压力大、安全思想和纪律意识淡薄、情绪消极或对工作不满意，那么员工故意违章、冒险等意向性不安全行为的发生就会显著增加。

2. 设备设施及安全防护装备

当设备设施自动化水平不高，在人体工效学、人因工程学方面欠缺考虑，在安全警示标识、安全冗余设计、操控仪表设计与布局方面存在缺陷，或者与操作者的注意力、触觉、反应速度等认知及行为规律不匹配，导致疏忽和遗忘等非意向性不安全行为的发生，或者员工出于省时、省力的考虑，故意违反操作规程，导致意向性不安全行为的发生。

另外，虽然强化劳动保障和安全防护水平有助于减少作业人员的事故伤害，但是一个不容忽视的情况是，员工往往自恃安全防护装备的保护作用，低估不安全行为带来的事故风险，也会诱发冒险、故意违章等不安全行为。

3. 作业环境因素

由"破窗理论"和莱温的"场论"表明，环境会影响个体的行为选择。如果员工生产作业环境较差，很容易给员工形成心理暗示，放松对作业环境的维护和安全作业意识，进而诱发意向性不安全行为的发生。同时，作业环境脏、乱、差，作业场所照明不足、噪声较大、空间狭窄、通风供氧不足、作业场所不同环境气压变动较大等原因，也容易导致员工对生产作业行为及风险误判，导致不安全行为的发生。

4. 组织安全管理因素

组织安全管理活动既会直接影响员工不安全行为的发生，也会通过作业环境和作业设备的管理间接对员工不安全行为的发生产生显著影响。

组织安全培训与资格准入、安全管理制度建设与实施、安全理念与安全承诺、安全监管与惩罚水平、组织安全氛围等组织安全管理活动会直接影响员工对不安全行为的认知及风险评估，并对不安全行为的发生产生显著影响。组织对作业环境的维护与管理、安全防护方面的投入和建设、风险源的识别与管控等活动，会影响员工的作业环境，进而对员工的不安全行为产生影响。

此外，组织还有可能通过生产作业设备的选择、维护与更新，以及新型生产作业技术的应用推广等手段，提升生产作业的安全可靠性，减少人因失误，从而对个体不安全行为实际发生状况产生显著影响。

由此可见，员工不安全行为的发生是多方面因素共同作用的结果。

对员工行为进行干预的目的，是希望通过一系列管理措施，使员工在工作过程中实现"自我保护、自我教育、自我约束、自我完善、自我提高"的要求，达到安全主动管理，从而塑造本质安全人，实现本质安全管理目标。可以从员工行为管控、员工行为养成和员工素质提升等三个方面进行员工行为干预（见表 2-7）。

表 2-7　员工行为干预

员工行为干预内容	干预策略
员工行为管控	1) 心理干预策略：调查干预；安全心理咨询；文化干预；危机干预；团队人际关系；家庭安全劝导；员工不安全行为纪录与重点人群管理。 2) 行为干预策略：手指口诵安全作业法；安全训练观察计划（STOP）；正向行为支持干预；合理休息；不安全行为监督与反馈；不安全行为识别与控制管理。 3) 组织管控：员工资格准入；员工岗位与行为规范管理
员工行为养成	准军事化训练；手指口诵的行为训练；应急演练；高标准化作业模式；职业化行为培养
员工素质提升	员工学历培训；生产技能培训；岗位资质培训；安全培训；职业道德培训；安全交流与学习

5. 员工行为管控

员工行为管控大致分为三类干预：安全心理干预、行为干预和组织管理。

安全心理干预是基于人内隐的心理活动的干预方法，它从人的心理特征出发，对其安全心理状态及其心理问题的主要原因进行针对性干预，消除人的异常安全心理，提高个体的心理承受能力和风险应对能力。安全心理干预的目的是预防不安全行为的出现，从而预防事故的发生。目前心理干预方法多种多样，主要有心理健康教育、认知干预法、团体辅导干预法、个别咨询干预法、危机干预、综合干预法、员工不安全行为纪录与重点人群管理、不安全行为监督与反馈管理和家庭安全劝导管理等。

安全行为干预是基于人外显的行为活动的干预方法。在人的行为过程中，采取明确有效的措施，预测、引导和强化安全行为，避免或抑制不安全行为的出现，防止事故的发生。基于人的行为模式，提出安全观察与行为干预法、安全行为流程干预法、正向行为支持干预法等安全行为干预方法。杜邦安全训练观察计划和行为安全流程干预关注人们作业过程中的各种行为，注重即时干预。正向行为支持干预属于事后型的干预方式，通过强化干预，避免不安全行为的再次出现。

组织管理方面主要是企业确保"合适的人在合适的岗位"，同时制定相应的岗位行为规范，以清晰本岗位安全行为规范和约束岗位人员行为。

安全心理干预包括以下干预方法：

（1）调查干预。根据应激 — 应对理论和自我调节模式理论，可以采用马斯洛的安全感—不安全感问卷、社会支持评定量表对个体进行认知评价。可以采用卡特尔16项人格因素问卷、能力倾向测验、人格测验、Y-G性格测验等调查，对个体的心理过程或状态进行评价。个体通过经常参与调查，能够及时发现自身存在的问题，启动正确的应对机制来解决问题。调查干预的操作简单，时间短，但是相关管理人员应具备分析调查结果的能力，同时应逐渐确保被调查人员有自愿参与调查的愿望。

（2）安全心理咨询干预。心理咨询是由专业人员即心理咨询师运用心理学以及相关知识，遵循心理学原则，通过各种技术和方法，帮助求助者解决心理问题。在安全问题上，也可以采取安全心理咨询的干预方式，帮助求助者解决与安全有关的心理问题。通过安全心理咨询，可以使人们更好地认识自己的安全技能和安全意识，扬长避短，充分发挥自身的工作潜能。可以帮助人们排除心理困扰，减除心理压力，改善对工作环境的适应能力。根据咨询对象及咨询途径的不同，咨询形式有直接咨询、间接咨询、个别咨询、团体咨询、电话咨询、现场咨询和门诊咨询等多种形式。但由于要求企业配备专业的心理咨询人员，因而会增加企业的安全投入。

（3）危机干预。危机干预作为一种有意识的干预行为，旨在提供支持、稳定他人的心理和情绪，认识并改变植根于头脑中的错误思维方式，尤其是人们认知中的非理性和自我否定的部分。危机既可能与内部因素（如心理困境）有关，也可能与外部因素（如社会及环境因素）有关。根据个体的应对能力、危机事件的威胁性程度及个体的能动性水平，对个体过去和现在的危机状态做出评估之后，判断需要采取何种类型的干预行动，然后采用六步危机干预法进行干预。危机干预法主要适用于发生过事故事件的企业或各种环境变化较大的企业，对执行危机干预的人员素质和能力的要求较高，需要聘请专业人员，因此，会增加企业的安全投入。

（4）文化干预。从安全心理学的角度看，安全文化具有安全认识的导向功能、安全观念的更新功能、以人为本的激励功能和安全生产的动力功能。基于安全文化的功能可知，建设安全文化对于去除导致安全心理问题的主要原因，促进心理平衡有着重要的意义，因而，建设安全文化也是一种有效的安全心理干预方法。文化干预法是企业普遍使用的干预方法，可采用的具体方法多种多样，但其周期长，见效缓慢。

（5）不安全行为纪录与重点人群管理。通过建立安全风险管理系统，对不安全行为发生情况、趋势、风险及其重点人群进行统计分析，对不安全行为高发岗位员工或者有高发倾向的员工进行重点监控和引导。

行为干预包括以下方法：

（1）手指口诵安全作业法：手指口诵安全作业法是通过眼看、手指、心想、口诵等一系列集中调动所有感官一起"工作"的步骤，让员工对关键作业步骤的危害风险以及控制措施做到"脑中想到""心里知道""手上做到""眼睛看到""口中说到"。从而可以减少作业的失误率。

（2）不安全行为监督与反馈管理。建立完善的员工不安全行为检查监管体系，及时将员工不安全行为发生情况及其风险告知员工个人和其家庭。增强员工对自身不安全行为的警惕，引导其家庭成员对员工个体不安全行为进行影响和干预。

（3）不安全行为识别与控制管理。基于风险源辨识，对员工不安全行为进行仔细的梳理和甄别。按照不安全行为的痕迹、意向性、频率和风险等级对不安全行为进行分类，不安全行为的识别要保证全面、准确、具体；不安全行为的控制措施针对性和适用性要强。

（4）安全训练观察计划（safety training observation program，STOP），是一种以行为为基准的观察计划。STOP 是为主管人员设计的观察工具，重点对作业人员的反应、劳保用品（PPE）、人的位置、设备和工具以及程序和现场整理等 5 个方面进行观察，实施干预。STOP 是非惩罚性的，它强调在行为干预过程中鼓励安全行为，必须采取良好的沟通方式、询问的态度纠正不安全行为。安全训练观察计划主要用于对生产现场的具体行为进行干预，加强个体的安全行为，避免不安全行为再次出现，是一种有效的超前的事故预防方法。该干预方法执行简单，见效较快。

（5）正向行为支持（positive behavior suppor，PBS）是指正向行为干预在实践中的运用。作为引入安全领域的一种行为干预方式，正向行为支持的安全行为干预方式主要有以下两种策略：第一，事先控制策略。如果已经了解个体造成不安全行为的原因（前提事件），以及维持它发生的不利事项（行为后果），就能通过事先安排，避免这样的恶性循环继续发生。第二，行为管理策略。当不安全行为已经出现时，采取以下措施避免行为再次出现，如增强制度（包括正增强和负增强）、隔离、惩罚等。正向行为支持干预方法以斯金纳的强化理论为基础，重视正强化，提出应谨慎使用负强化。

组织管理干预包括以下方法：

（1）员工资格准入管理。即相关岗位必须严格按岗位说明条件选聘人员，各个岗位人员在生理、技能、资格证书、文化水平等方面须符合相关岗位要求的条件。

（2）员工岗位与行为规范管理。员工岗位与行为规范即在企业生产作业流程和不安全行为识别控制管理的基础上，拟订员工岗位说明书和作业规范。具体要求对岗位的任务、使用的设备工具、职责、行为标准与流程等进行全面细致的规范和说明。

6. 员工行为养成

员工行为养成是指通过对员工负面工作行为的管控和良好工作行为的培养与激励，塑造员工良好的作业习惯，从而对意向性不安全行为和非意向性不安全行为形成有效防范。主要可从准军事化训练、手指口诵行为训练、高标准作业模式、职业化行为培养等方面开展。

（1）准军事化训练。准军事化训练是基于员工综合素质较低，不良行为习惯较多的实际，以塑造员工良好作业习惯为目的而开展的员工职业行为规范训练项目。在具体开展过程中，需要在相关组织领导和制度保证的基础上，开展队列行走、班前会、现场交接班、职业技能训练、职业礼仪、内务管理等方面的准军事化训练。

（2）手指口诵行为训练。除了在生产作业过程中采用手指口诵安全作业法进行安全行为管控外，对一些作业频率较少导致印象并不深刻，也可以在日常班前后会、实训培训、作业回顾期间，结合危险预知培训，开展手指口诵行为训练，加强对作业任务标准的认识和强化该作业任务的安全行为。

（3）高标准作业模式化管理。高标准作业模式化管理有助于构建培养员工良好的行为规范，提升生产效率，降低安全事故。在具体实施中，可以按电网企业各专业构建高标准模式化行为标准。

（4）职业化行为养成。职业化行为养成是指通过准军事化训练、手指口诵、高标准作业、模式化管理等方式和途径，将员工培养成具有良好职业技能和作业习惯的优秀员工，使其成为提升安全水平和企业竞争能力的重要保障。

（5）应急训练。通过应急训练可以提升员工安全决策的响应速度和决策质量，从而提升员工行为的可靠性程度。应急训练可采取模拟培训、应急演练、岗位技能竞赛等方式。

7.员工素质提升

良好的员工素质是员工行为管控与行为养成的重要基础。因此，必须注重员工素质的培养。可以通过员工学历培训、生产技能培训、岗位资质培训、安全培训、职业道德培训，并鼓励员工在工余时间的安全交流与学习，全面提升员工的综合素质。最终实现员工从"要我安全"向"我要安全"思想的根本转变。

2.4 手指口诵与 7S 管理

7S 管理是在源自日本的 5S 管理的基础上发展而来的。5S 管理的字母 S 是源于日文单词 SEIRI（整理）；SEITON（整顿）；SEISO（清扫）；SEIKETSU（清洁）；SHITSUKE（素养）的罗马拼音单词首字母。5S 强调在生产现场中对人员、机器、材料、方法、环境等生产要素进行有效的管理。7S 是在 5S 的基础上增加安全管理和精益管理思想，即 SAFETY（安全）、SAVING（节约）两个要素而形成。

7S 管理方式保证了企业的生产和办公环境，良好的工作秩序和严明的工作纪律，同时也是提高工作效率，生产高质量、精密化产品，减少浪费、节约物料成本和时间成本的基本要求。7 个 S 之间是相互关联，密不可分的，各自发挥不同作用，共同推进企业和员工的变化。

（1）整理的目的是区分必需品和非必需品，增加作业面积，保障物流畅通、防止误用等。

（2）整顿的目的是使工作场所整洁明了，一目了然，减少取放物品的时间，提高工作效率，保持井井有条的工作区。

（3）清扫的目的是使员工保持一个良好的工作情绪，并保证稳定产品的品质，最终达到企业生产零故障和零损耗。

（4）清洁的目的是使整理、整顿和清扫工作成为一种惯例和制度，是标准化的基础，也是一个企业形成企业文化的开始。

（5）素养的目的是通过之前的 S 提高了人的素养，而素养让员工成为一个遵守规章制度，并具有一个良好工作素养习惯的人。

（6）安全的目的是保障员工的人身安全，保证生产的连续安全正常的进行，同时减少因安全事故而带来的经济损失。

（7）节约的目的是对时间、空间、能源等方面合理利用，以发挥它们的最大效能，从而创造一个高效率的、物尽其用的工作场所。

7S 管理对企业发挥的作用：

（1）改善和提高企业形象；

（2）提高生产效率；

（3）改善零件在库周转率；

（4）减少故障，保障品质；

（5）保证企业安全生产；

（6）降低生产成本；

（7）改善员工精神面貌，使组织具有活力；

（8）缩短作业周期，确保交货期。

7S 管理对员工的作用：

（1）提高员工素养，养成凡事认真、按规矩做事、遵章守纪的行为习惯；

（2）强化员工的责任心，通过平日的整理、整顿、检查，反复锤炼；

（3）提升员工的执行力；

（4）热爱本职、工作环境、身心愉悦；

（5）激发创造力、勤于思考。

7S 管理从注重现场管理入手，这与手指口诵安全作业法注重现场安全确认相同，因此，手指口诵安全作业法可以作为推进 7S 管理的安全管理中的一种现场作业方法，7S 管理也可以作为推行手指口诵安全作业法的活动载体。

手指口诵安全作业法与 7S 管理相辅相成，7S 的整理、清扫、整顿是对手指口诵安全作业法推广，心理上的培养，习惯的养成必然促进手指口诵安全作业法的推进。而手指口诵安全作业法是实现 7S 管理中安全管理的一个措施和方法。

需要指出的是，7S 本身就是一种管理体系，具有丰富的管理内涵，是一个由浅至深，由点到面，由现场到管理，由物到事，由事到人的过程，不能单从字面去理解和执行。

第 3 章

电网企业推行应用手指口诵安全作业法

3.1 推行的出发点

根据杜邦公司安全文化建设的经验，在安全自主管理阶段企业已具有良好的安全管理及其体系，安全获得各级管理层的承诺，各级管理层和全体员工具备良好的安全管理技巧、能力以及安全意识，表现出的安全行为特征有以下几点。

（1）个人知识、承诺和标准。员工具备熟练全面的安全知识，员工本人对安全行为做出承诺，并按规章制度和标准进行生产。

（2）内在化。安全意识已深入员工之心。

（3）个人价值。把安全作为个人价值的一部分。

（4）关注自我。安全不但是为了自己，也是为了家庭和亲人。

（5）实践和习惯行为。安全无时不在，在员工的工作中，工作外都成为其日常生活的行为习惯。

（6）个人得到承认。把安全视为个人成就。

安全自主管理的典型特征在个人、组织和物态三个方面体现出八大典型特征，其核心是以人为本。个人特征方面：各级员工具有较高的安全意愿，各级员工拥有完整的知识与技能，各级员工养成了良好的行为习惯；组织特征方面：公司把安全当作核心价值，并具有相应的机制倡导和鼓励各级员工在日常工作和决策中展示这种价值；公司在组织模式中充分体现出安全与工作的一致性，而不再将安全当作独立的一件事；公司持续地保持好的安全绩效，在日常工作实践中更加注重事前管理，主动寻找问题，并把问题当作改进和提高的机会。在物态特征方面：关键设备处于完好状态并能保持长周期运转，设备的综合利用率达到或超过设计的目标；工艺技术可靠性强，工艺、技术、风险控制标准持续提高。

安全自主管理阶段的典型特征在于能自觉履行岗位职责、遵章守纪、规范操作，主动发现并解决问题，积极干预和引领外来人员，每个人都有强烈的安全意识和安全责任、正确的安全观念和良好的安全行为习惯，形成全员自觉自愿、积极主动的寻求更安全的行为方式的一种氛围。安全自主管理的内涵在于意识上自觉、行为上主动、管理上规范、设施上完好。自觉主动是前提条件，是员工安全观念和意识的体现，规范、完好是自觉、主动的具体表现，是良好安全绩效的直接保证。自主安全管理最终的落脚点在于每个人意识形态的转变。实际上自主安全管理意味着更严格的自律和监督。

在电网企业推行手指口诵安全作业法的出发点是培养员工的安全自主管理。通过实施手指口诵安全作业法，对作业步骤、风险分布、危害分布、控制措施和作业过程的手指口诵安全确认项目等进行强化记忆，通过反复训练和实践应用，把相关内容固化在作业人员的意识当中，安全意识得到强化，形成了对安全的超强敏感度，养成自觉遵循"观察—确认—行动"的安全作业步骤，提升了作业人员的安全素质。

通过实施手指口诵安全作业法，规范并固化了员工的安全生产行为，把过去被动执行的内容转化为自觉执行的行为习惯，减少习惯性违章，培养员工自觉执行作业流程、作业标准的安全态度和良好习惯，提升员工的精神面貌和职业素质，有助于建设一支高效的职业化队伍。

通过实施手指口诵安全作业法，有助于养成精细化作业的行为习惯。手指口诵安全作业法通过连贯的"心、眼、手、口"集中联动动作，强调了作业精细化步骤，最大限度地克服因人类的惰性、麻痹、恍惚分神、马虎等心理特征造成的不安全行为，有利于提高员工的注意力和思维连贯性，防止员工误判断和误操作。推行手指口诵将进一步加强员工的安全意识，是企业规范员工安全行为的有效载体。

3.2 认识误区

手指口诵安全作业法的目标是彻底改变员工长期以来形成的思维定式和行为习惯，这就注定了手指口诵安全作业法的推行是一个非常艰苦的过程。任何一个先进的管理方法在刚刚推广时都存在困难，手指口诵安全作业法在推进的过程中同样伴随出现一些问题和困难，部分员工会出现不适应、不情愿、不接受的现象，甚至会引起少数人的强烈反对，这些都是员工认识和接受新生事物的合理反应，是正常现象。为了尽量缩短员工对手指口诵的认同周期，迅速形成推行手指口诵的合力，需要经过"从有形到无形，从抽象到具体"的过程，员工可能会出现以下认识上的误区，针对这些误区需要组织者做细致的开导工作，开展舆论宣传，组织集中培训、进行集中动员和个别员工的思想工作，消除员工思想上的疑惑，并营造浓厚的氛围，形成良好的环境，使手指口诵安全作业法在全体干部职工的思想和行为上形成高度统一，最终培养员工养成自觉自愿的安全行为和习惯。

（1）认为手指口诵安全作业法是多此一举，只要认真按作业指导书开展作业操作和记录，就没有问题。

作业指导书是生产作业标准的指导性程序文件，包含作业前工作准备、作业风险、作业步骤和作业记录表单等内容，起到规范作业、提醒作业存在风险和应采取的防范措施。在作业过程中严格按照作业指导书开展作业，按操作步骤作业，也可起到规范作业的作用。手指口诵安全作业法与作业指导书的出发点并不矛盾，规范作业是两者的共同要求。作业指导书还是开展手指口诵安全作业法的基础性资料，可以这么说，严格认真地按照作业指导书开展作业确实会起到一定的防范风险作用，而当前仍在的普遍问题是"不严格"执行作业指导书各项步骤，虽然作业指导书对每个步骤的风险及控制措施都描述得很清楚，但是如果没有得到执行，依然发挥不了控制风险的作用。而手指口诵安全作业法在作业指导书的基础上，加入了规范性动作和口诵内容，强调"心、眼、手、口"的集中联动,在生理上产生一定的对危害警觉的效果,①可以对作业指导书中没有涉及的现场临时发生或环境变化造成的危害风险进行辨识确认,并加以防范;②经过"心、眼、手、口"的集中联动,强化了对该作业步骤、内容和风险的记忆和认识,经过不断重复训练或实践运用,在类似的作业现场场景下对人的大脑反应刺激强烈,做出必需的安全反应,从而自主加强风险防范和减少操作失误。因此,手指口诵安全作业法与作业指导书是相辅相成的,手指口诵安全作业法是在行为动作上的强化与训练,从而在意识上潜移默化地强化了对危害风险的警觉性和敏感度,并调动人体所有器官做出反应。

再者,并非所有的作业都有作业指导书,一般关键任务才需要使用作业指导书,对大部分的作业来说,因为作业步骤简单、危险性不高、人员易于掌握,只需要通过简单的书面文件所载安全提示或者没有书面文件提示开展工作。但从风险的角度来看,危险是天然存在的,是客观的,但风险则不然,不同的人面对同样的危险可能产生不一样的风险,因此即使是作业步骤简单、危险性不高、人员易于掌握的作业,同样存在危害人身或设备的风险。在这种情况下,某些人员在没有作业指导书引导作业的情况下可能会产生很高的作业风险。那么此时手指口诵就是一种非常好的风险控制方法,通过日常的训练掌握作业的风险,在作业中通过手指口诵强化对作业步骤、内容和风险的记忆和认识,强调控制措施的确认,通过步步确认安全开展作业,从而避免事故。

(2)认为手指口诵安全作业法是花架子,是作秀,甚至认为是管理部门强加给生产班组人员的事情。

一些员工在接触手指口诵安全作业法时,会认为这是花架子,是作秀,是形象工程,只是为了树立企业的良好形象,实际并没有发挥什么作用。"手指口诵"安全作业法从生理机制的功效上看,是防范因人类的弱点导致的精神不集中、恍惚、倦怠导致的走神、看错、动作随便而造成操作失误。企业推行手指口诵安全作业法是为了更好地保护员工的生命安全，防止因作业人员的"走神"可能导致人身危害，是企业基于"以人为本、生命至上"的安全理念倡导的安全作业法，是员工的一道"护身符"，一口"警醒钟"。企业的规章制度再完善，也会出现很多问题，归根结底是员工做事不认真，规章制度执行不到位，行为习惯没有养成造成的。必须有一种手段破除这些陋习，手指口诵就是一种很有针对性的手段。因此，"手指口诵"安全作业法是一项能有效提升全体员工现代文明素养，推动员工队伍"破暮气、提朝气、凝精气"，保持工作活力的重要工作方法。

（3）认为电力操作票制度也是严格规定执行"监护复诵"，手指口诵安全作业法又多增加员工一些动作，又要动口，增加负担，会引起员工反感。

首先，传统安规一直有安全确认的要求，只是这些要求只有电气操作的安全确认有一个可见的"监护复诵"，是安全确认的一个表现形式。实行多年来，受到了广大员工的普遍接受，已经成为一种牢不可破的安全习惯，只要一提到电气操作，"监护复诵"就会自然而然映射到脑海中，已经成为电气操作稳固的安全基石，不可动摇。由此可见，安全确认是有群众基础的，安全确认是正确的，安全确认是必需的。但是，由于监护复诵制的局限性，不能覆盖全部作业。

手指口诵与监护复诵制的不同点有如下三个方面：

1）手指口诵是单人进行，监护复诵是双人进行。手指口诵强调自主管理，每个人通过自我提醒、自我暗示、自我约束落实安全要求，自我确认、自问自答，走的是本质安全之路，通过提高作业人员本身的意识技能确保安全；监护复诵是监督的表现形式之一，强调通过同伴的监督、提醒、复核确保安全，但不是所有的作业都同时有两人或多人同时开展，不是所有场所都能够落实监督要求。

2）手指口诵是所有专业的作业人员均可使用，监护复诵只有电气操作人员使用，检修及其他专业人员不使用。长期以来，监护复诵制只应用在电气操作中，在电力检修及其他作业中没有应用，那是因为历史上电气操作事故事件发生率是最高的，容易发生人身事故，而历史上对供电可靠性的关注是逐步提高的，对设备可靠运行的重视也是逐步提高的，因而对应检修造成的设备事故事件的重视也是逐步提升的，发展到现在，已经到了对任何设备事故事件都不可容忍的程度，而目前，从事故事件发生的情况来看，检修及其他专业依然是事故事件高发区，必须有一种有效的安全确认方式逐步减少因检修作业造成的事故事件，必须在检修及其他专业引入手指口诵安全作业法。

3）手指口诵安全作业法是手指＋口诵，监护复诵仅是口诵。

两者均能对关注的风险事项进行确认，但手指口诵的应用范围更加广泛。并且前文的人脑试验技术分析已经阐述过，"手指＋口诵"比"口诵"的安全效果高 2 倍以上。

由于在电力行业电气操作作业中一贯倡导严格执行的"监护复诵"制度，发挥了减少因人为操作失误而引发事故的作用。从目的来看，手指口诵安全作业法与"监护复诵"是一致的。手指口诵安全作业法的核心是基于风险的现场作业管理和行为规范，其应用范围更为广泛，对危害的警觉在人的生理机能上刺激更强烈，也更能调动人的主观能动性，对员工的自主安全管理意识的提升起到积极的作用，是对"监护复诵"制度在行为规范上的加强和对风险防范的自觉自主管理，是打造本质安全人的重要方法。

（4）认为手指口诵安全作业法动作机械呆板，效果值得怀疑。手指口诵安全作业法的动作规范是确保在生理机理效果上的有效性，动作越规范到位，效果就越明显，这是经生理研究测试得出的结论。当然在实际实践当中，因为环境不同和作业空间不同，一些动作不可能像规范性动作要求那样，是可以做适当的调整的，可以因人而异、因事而异、因物而异、因时而异。

但手指口诵安全作业法正是基于动作的规范性，避免随意性，才能克服心理或生理上带来的麻痹、走神、恍惚、松懈等造成的不良影响，也才能从根本上端正认真的工作态度。

（5）认为开展手指口诵安全作业法主要靠员工自发行动，不用设立专门的推进机构。

任何一种安全管理、安全方式方法都是以牺牲成本、效率为前提的，安全是人类社会发展到一个高级阶段，把人的生命提高到一个高于经济效益的基础上衍生出的一个管理思维，从管理上讲，安全会使组织损失一些效率和成本，从个人来说，安全会使个人损失一些舒适和时间，从人的本性来说，人永远追求省时、省力、舒适，一旦安全成本超出了个人认为的"合理"范畴，人就会抵触，就不会自发落实。但人都是有侥幸心理的，也不是每个人的"合理"都代表了真正意义上的"合理"，作为企业，上要遵守国家法律、制度、标准、技术等推荐或强制的要求，下要对员工的生命负责，必须要规范地推进安全管理建设。企业推行手指口诵安全作业法，应结合企业自身实际情况，对手指口诵安全作业法认识不到位，生搬硬套强行推进，容易造成推行失败。而推行失败的原因有的企业往往会认为是员工认识不足，不愿意参与。手指口诵安全作业法作为一个引入企业的管理方法，需要从上而下地进行宣贯和培训，需要通过强有力的组织，建立起激励机制，调动员工的积极性，而不是简单地让员工照着做，却不明所以或者有理解偏颇、认识不到位现象，在实际效果中也会大打折扣。因此，企业设立专门的推进机构，可以从组织上确保推进活动的有序开展，对推进效果进行检验评价，反复培训和宣导，组织讨论和演练，才能将手指口诵安全作业法深入推进。

3.3 推行方法

推行"手指口诵"安全作业法的基本内涵就是要坚持"以人为本"，追求人、机、物、环境和管理的统一，实现企业的安全和谐发展。作为企业引进一种新的管理方法加以推广，由于认识不足、与平时的作业习惯大不相同，如何让员工提高认识、接受并执行，尤其能持之以恒开展手指口诵安全作业法，是需要组织者认真考虑的事情，要做到统一思想、提升理念、领导重视、责任明确，重在坚持、勇于创新，全力推动、以点带面，成立专门的推进机构进行统筹策划、开展指导和持续检查，是十分必要的。

应本着"简便可行、实用管用"的原则，从宣贯动员、标准制定、固化培训、现场应用、效果检验、总结表彰等环节入手，构建"手指口诵"安全作业法推进管控体系。

3.3.1 推进的阶段

手指口诵安全作业法和其他引入企业的管理方法一样，其推进也会遵循 PDCA 的原理，一般经历 PDCA 四个阶段。

（1）P 阶段：启动和准备阶段。该阶段的主要工作内容是手指口诵安全作业法的方法引入，成立推进组织机构和制定相关制度，开展宣贯培训，让员工认识手指口诵。①成立推进机构，宣贯动员；②造声势、搭环境，提高认识；③技术方法培训；④制定推进评价考核机制。

（2）D 阶段：实施阶段。该阶段的主要工作内容是制定推进策略和计划，编制各专业的手指口诵标准作业卡，试点和推广实施，同时加强培训和指导、检查反馈及完善等。①明确目标，制订计划；②梳理各专业作业现场风险，形成作业基准风险或整理已有的基准风险；③编制各专业作业现场手指口诵标准卡片；④固化贯标培训；⑤现场试行、反馈修订。

（3）C 阶段：检查阶段。该阶段的主要工作内容是组织机构跟进督促和检查，开展必要的评比和激励。①过程督导，跟进检查；②检查评比；③有效激励，固化习惯。

（4）A 阶段：总结提升阶段。该阶段的主要工作内容是总结推进工作成效，表彰优秀班组，完善相关制度。①评估总结，表彰优秀；②汇总意见，完善制度。

一般来说，推进手指口诵安全作业法大体会经历三个阶段，对应刚开始接受、推进手指口诵时，符合人们对新事物从认识、排斥、接受、习惯的过程。

（1）形式被动阶段：认识初期的新鲜期，认识思想上不稳定、不理解，但迫于宣传形势，形式上执行，但不能做到自觉自愿。

（2）主动行事阶段：通过学习、案例分析甚至现身说法，充分认识手指口诵作用和效果，从被动接受到主动训练、执行从不自然到反复练习，从不自然到熟悉和自然。

（3）习惯自然阶段：更多的现场执行，手指口诵事项熟悉并能熟练运用，甚至结合现场情况逐一进行安全确认，有自然而然的手指冲动和心里默诵。

3.3.2 推进的组织工作

企业推进手指口诵安全作业法的目的是通过打造全员的安全意识和安全行为习惯，确保企业的安全生产和员工的职业健康。因此不仅仅涉及生产上的安全，还包括交通、基建、消防、物资、仓储、行政、物业等后勤保障安全和职业健康。同时，企业推进手指口诵安全作业法将涉及培训、环境氛围营造、评比和激励制度等方方面面，因此，需要建立一个专门的推进机构，明确机构工作职责，负责推进方案、实施计划和措施的制定与落实，调动整合各方资源，确保推进工作持续开展。

1. 成立组织机构

强有力的推进组织机构是确保手指口诵安全作业法推进成功与否的关键。企业应根据实际工作需要，成立手指口诵安全作业法的推进委员会、推进办公室等组织机构。

（1）成立推进委员会。手指口诵安全作业法推进委员会主要由企业领导和安全管理委员会成员或各部门负责人组成，其中主任由企业最高领导担任，副主任由企业其他领导班子成员担任,当人数较多时可以设立常务副主任。委员由各部门负责人组成。一般的,企业的安全管理委员会组成与之相似的情况下,也可以由安全管理委员会承担推进委员会的职责,不再另设推进委员会。推进委员会组织机构如图 3-1 所示。

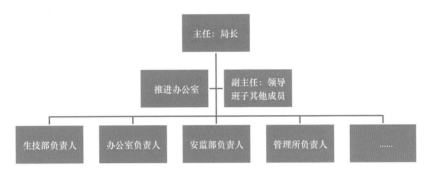

图 3-1 推进委员会组织机构图

(2)成立推进办公室。推进办公室是推进委员会的办事机构,是具体落实推进委员会制定的行动方案,开展具体培训指导、监督执行和评比总结等工作内容。一般推进办公室主任由常务副主任担任,下设推进办公室副主任,一般由安全主管部门负责人担任。推进办公室应设 1~2 名专职干事。成员可以由相关部门副主任及专责组成。手指口诵安全作业法推进办公室组织机构如图 3-2 所示。

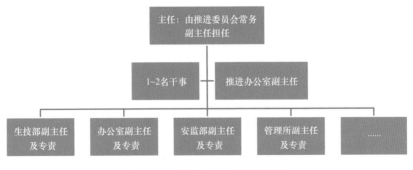

图 3-2 推进办公室组织机构图

2.明确主要职责

（1）推进委员会主要职责。

1）制定手指口诵安全作业法推进阶段性目标；

2）批准手指口诵安全作业法推进方案；

3）批准手指口诵安全作业法推进的相关制度，如奖励制度；

4）批准手指口诵安全作业法考核评比标准；

5）为推进工作提供必要的资源包括经费等，并协调解决推进过程中的重大问题。

（2）推进办公室主要职责。

1）制订手指口诵安全作业法推进实施方案；

2）组织开展手指口诵安全作业法的宣传教育和培训；

3）编制相关的工作制度或业务指导书、考核评比标准；

4）组织召开手指口诵安全作业法推进过程中的相关会议，包括汇报会和研讨会；

5）监督检查和总结手指口诵安全作业法推进工作，根据检查结果提出奖励建议；

6）组织评比考核及成果发布；

7）向推进委员会汇报手指口诵安全作业法推进工作开展情况。

（3）推进委员会人员主要职责。

1）推进委员会主任是手指口诵安全作业法推进工作的第一责任人，负责指挥推进委员会的工作；

2）推进委员会副主任负责整体推进活动的策划、组织委员、带领推进办公室开展具体的推进工作，定期向主任汇报推进情况；

3）推进委员会委员负责推进工作的具体实施，参与制订手指口诵安全作业法活动方案和活动评比，对本部门的实施效果负责。

（4）推进办公室人员主要职责。

1) 推进办公室主任负责推进办公室工作的总体组织和领导，监督、检查和评价办公室工作开展情况；

2) 推进办公室副主任负责组织日常工作的开展，定期向主任报告推进情况；

3) 推进办公室干事负责手指口诵安全作业法的推进督导，技术支持、基础培训，定期向推进办公室副主任汇报工作，同时负责做好宣传工作和保障性工作；

4) 推进办公室各成员负责组织本部门开展手指口诵安全作业法推进的具体工作及督导，定期向推进办公室主任、副主任汇报本部门的推进工作。

3. 推进的主要工作

手指口诵安全作业法推进组织机构成立后，为保证推进工作的有序进行，应主要在工作例会、培训教育、宣传工作、回顾总结、评比表彰、制度完善等方面开展工作。

（1）工作例会。结合企业实际情况，推进委员会例会一般每个月召开1~2 次；推进办公室工作例会根据工作情况，可以每周召开1~2 次。

推进委员会例会的主要会议内容包括：①各部门汇报手指口诵安全作业法推进情况及员工反馈的声音，需要协调解决哪些问题；②推进办公室汇报推进工作进展情况、下一阶段工作安排及存在的问题；③推进委员会协调解决存在的问题，提出下一阶段的工作要求。

推进办公室例会的主要会议内容包括：①各部门汇报手指口诵安全作业法推进情况及工作计划；②不定期检查督导过程中发现的问题；③对推进过程的有关问题进行协调、布置任务和提出整改意见。

（2）培训教育。在手指口诵安全作业法推进期间主要开展宣贯导入培训、技术方法培训和训练固化培训。宣贯导入培训和技术方法培训主要是在推进的 P 阶段进行，训练固化培训是在 D 阶段开展。

宣贯导入培训主要是培训讲解手指口诵安全作业法的理论知识、来源、基本动作要领、作用和意义，在宣贯导入培训上，针对各部门负责人、专责、班组骨干成员等，推进委员会主任进行开展手指口诵安全作业法的推进工作动员令，深入浅出宣讲手指口诵安全作业法与企业安全文化建设和安全管理等相关工作的关系和重要性，提出要求和期望。

推进办公室开展手指口诵安全作业法的技术方法培训，培训员工基础知识、动作要领、危害辨识、手指口诵安全作业法的应用场合及如何编制手指口诵安全作业的标准卡等内容，使全员尤其是一线班组作业人员对手指口诵安全作业法全面了解，掌握编制手指口诵安全作业标准卡和具体应用。在技术方法培训课上做互动式培训的效果会更好，学员可以亲身感受手指口诵作业的实际效果，抛弃胆怯和陌生感，融入培训和提出感受及建议。

训练固化培训主要是在编制好各个专业的手指口诵安全作业标准卡之后，以班组为单位开展强化培训，并在实践过程中，互相检查、交流分享经验和心得，努力做到对本专业的手指口诵安全作业标准卡内容的熟悉以及动作要领的执行到位。

（3）宣传工作。开展手指口诵安全作业法的宣传工作需要结合安全文化建设一起开展，比单纯地做手指口诵安全作业法的宣传效果会更好。围绕企业的安全文化体系建设，宣传企业安全文化理念、安全管理举措、可感领导以及党政工团群策群力的人文关怀、安全督导等，营造出浓厚的"安全第一、生命至上"的安全文化氛围，统一全员思想、推动全员参与安全文化建设。

手指口诵安全作业法作为安全文化建设中宣传的一部分，可以开辟手指口诵专栏，通过推进活动简报、知识专刊、先进人物事迹、经验分享、改善成果等宣传内容，配合多种多样的宣传形式，如展板、宣传栏、展廊、楼宇视频、征文活动、竞赛评比等，掀起全员参与的安全文化建设高潮。超高压输电公司南宁局在事故事件反思日安全活动中，由推进委员会带领全体参会人员手指企业安全品牌标志，口诵安全承诺和安全理念，如图3-3所示，起到了很好的宣传和示范效果。

图3-3 安全活动中手指口诵仪式

（4）收集资料与回顾总结。手指口诵安全作业法推进过程中，需要进行回顾总结，对比推进活动前后的效果。为了更好地开展回顾总结，推进办公室除了组织开展回顾总结工作外，在推进过程中还应注意收集有关资料和数据，比如推进过程中各种培训活动录像、会议记录、评比资料、应用实践照片、先进班组开展手指口诵安全作业法的方案资料和亮点照片以及推进前后班组人员的心声感悟等文字资料。以便为评价推进成效、改善相关制度文件、企业宣传等收集素材。

（5）评比表彰。评比表彰作为一种激励手段，在促进手指口诵安全作业法推进中可以发挥一定的激励作用。推进手指口诵安全作业法的目的是提高员工的安全意识和养成习惯遵章的安全行为习惯，以及对待风险的严肃认真的态度，因此企业可以结合自身实际，开展单纯的手指口诵安全作业评比表彰，称为验收评比，也可以将班组安全文化建设与手指口诵综合起来进行评比表彰，称为综合评比。

1）验收评比：这是单纯针对手指口诵安全作业法推进和熟悉程度的评比，该评比还可以结合危害辨识熟练全面性一起考评，以提高员工对危害的感知度。可以以班组或部门为单位开展评比工作，考察手指口诵安全作业法的执行规范性、熟练程度和日常应用三个指标，也可以采用竞赛和任务观察方式综合起来进行评分。

2）综合评比：这是针对班组安全文化建设成效进行的综合评比，目的在于除了考核手指口诵安全作业法推进深度外，还评比班组日常安全管理（如班前会、安全活动、安全工器具管理、安全记录等）、安全环境（班组 5S 管理、安全标识、安全目视化等）、安全能力（安全知识、安规考试、救护技能等）的情况，可以起到大力刺激班组安全文化建设，持续深入地推进开展手指口诵安全作业法的作用。

（6）制度完善。在推进手指口诵安全作业法的过程中，为了强化管理、引导和激励员工积极参与推进工作，转换思想观念，积极培养安全行为习惯，确保推进工作取得成效，企业有必要建立健全《手指口诵安全作业法业务指导书》《手指口诵安全作业法推进奖励办法》等管理制度。管理制度需经推进委员会讨论、审核通过并签发颁布，各部门做好有关管理制度的宣贯和学习，努力创造出比学赶超的良好氛围。

3.3.3　推进具体步骤

1.启动和前期准备

（1）成立推进机构，宣贯动员。此阶段是推进手指口诵安全作业法的动员阶段。新事物的引入，首先需要从思想上做好工作，只有认同认可了这件事情，才会认真落实到行动上。因此，本阶段成立推进委员会和推进办公室，制订实施方案。同时，由推进委员会组织召开动员大会，领导宣讲进行动员，强调重要性，提出推进目标和要求；推进办公室在会上宣布实施方案，播放讲解视频等。也可以把推进手指口诵安全作业法作为规范和养成安全行为的载体之一，结合多种安全行为管理手段，开展主题活动，以主题活动为背景，推进包括手指口诵安全作业法在内的各项促进安全行为管理的工作。

（2）造声势、搭环境，提高认识。此阶段是正式导入手指口诵安全作业法的关键阶段。从提高干部职工思想认识入手，通过领导宣讲、座谈研讨、专题会议、班前会指定内容等形式多样的工作进行全员发动、认识提升、知识培训，造声势造氛围。如图3-4所示，超高压输电公司南宁局借助班会活动、展廊展板、网站视频、楼宇视频等形式掀起手指口诵推进高潮。同时，结合以往的安全事故、近期的未遂事件作为案例研讨，组织讨论，对照案例谈认识、讲方案，引导员工认清手指口诵安全作业法是规范行为、消除隐患、杜绝事故的好方法，促使全体干部职工对手指口诵安全作业法从认知到认同、认可，思想上更加重视，从而能主动参与和自觉做好手指口诵安全作业。

图3-4　手指口诵导入宣传活动

（3）技术培训。在本阶段的技术培训的内容包括：①手指口诵的动作要领和要求、不同场合下的动作调整形式、手指口诵的作用和生理机理；②手指口诵安全作业法推行步骤、要求和各场合应用要求；③各专业工种的危害辨识和风险评估，发生过哪些人身事故、设备事故、电网事故；事故发生时，作业者的失误以及失误原因，仔细讨论本工种在哪些作业环节、哪些关键节点需要进行"手指口诵"安全作业法；④各专业梳理和编制手指口诵安全作业卡的方法。

（4）制定推进评价考核机制。由推进办公室组织编制手指口诵安全作业法推进评价考核办法。该办法包含评价组织、职责、评价考核指标、评分标准、评价步骤流程、评价周期以及评价考核奖励标准等内容。推进评价考核办法作为评比表彰的依据。

评价组织可以由推进办公室负责，也可以从推进委员会和推进办公室中选取一部分人员组成。评价组织的工作计划和工作情况及评价考核结果向推进委员会和推进办公室汇报。

评价考核周期应结合本企业规模和推进进度情况制定，一般可以在推进阶段的实施阶段完成后 3 个月进入检查评价阶段，在该阶段可以结合检查进行第一次评价考核，作为推进工作的总结评价。之后是否需要每年开展一次评价考核则根据各企业开展情况制定。如图 3-5 所示，各班组结合本专业作业环境特点，制作安全管理卷轴、看板等管理道具，以便在作业前熟悉本次作业的风险、控制措施与手指口诵项目。

（a）安全管理卷轴　　　　（b）变电安全管理板　　　　（c）班前会手指口诵训练

图 3-5　各专业手指口诵管理道具

2. 实施阶段

（1）明确目标，制订计划。企业推进手指口诵安全作业法的目标应分阶段不断实现，最终达到安全行为自主管理的目的。例如，第一阶段的目的是引入和熟悉手指口诵安全作业法的应用，营造自主安全管理的氛围；第二阶段是实现最终的安全行为养成和自觉、自然的行为习惯的目的，塑造形成企业安全行为文化。

明确目标应遵循 SMART 原则：即明确性、可衡量性、可实现性、实在性、时限性等原则。明确性即用确定的工作指标将目标明确下来，比如第一阶段的目标可以用验收评价通过率来衡量目标的实现；可衡量性即尽量采用定量的数值来表达，避免用定性描述；可实现性即目标不宜定得太高或太低；实在性即指设定的目标与推进活动或推进效果有关联，如检验成效可以用千次作业失误率、首次通过考核率等来衡量；时限性即完成特定目标的时间要求。

制定推进计划应满足 5W2H 法则，即明确为什么要做（Why），做什么（What），在哪里做（Where），什么时候做（When），由谁负责做（Who），怎么做（How），做到什么程度或形成什么成果（How much）。在制订计划明确 5W2H 的内容时，应结合企业实际状况，才能制订行之有效的推进计划。

制订计划应考虑以下几个方面的问题：

1）合理性。由于电网企业生产受电网运行调度计划的影响，制定手指口诵安全作业法推进计划应结合本企业的生产实际做好统筹安排，确保合理规避大检修、迎峰度夏、保供电等关键生产节点，此时生产人员大部分时间和精力都放在设备检修和维护上，因此推进工作应尽可能安排在非生产部门。

2）时限性。各阶段合理的时间限制将影响到推进的效果，比如开展技术方法培训后，应及时投入到编制手指口诵安全作业标准卡的工作，不宜间隔时间过长，一般不宜超过 1 周时间。同时编制手指口诵安全作业标准卡的时限应适中，兼顾生产压力情况进行安排。时间过短会造成推进人员压力过大，任务无法如期完成或完成的质量不符合要求等；时限过长则会造成推进人员受其他过多的工作影响导致积极性有所下降。由于编制手指口诵安全作业标准卡的内容较多，制定的周期时间在 15~30 天为宜。

3）可衡量性。每个阶段的工作计划尽可能量化，明确每个阶段应完成的目标和要求。如接受技术方法培训后应掌握编制标准卡的要领，可用完成手指口诵安全作业标准卡合格率来衡量，设定达标值在 80% 以上；熟练程度可用手指口诵验收评价通过率来衡量，设定达标值在 70% 以上。

（2）梳理各专业作业现场危害分布，形成作业基准风险库。开展作业危害辨识与风险评估，在电网企业是已经普遍执行的一项风险管理工作。具体的危害辨识与风险评估方法在本章作业风险评估训练中详细介绍。在开展手指口诵安全作业法推进过程中，可以利用已有的风险评估库成果为基础，再结合手指口诵规范要求来编制手指口诵安全作业标准卡。

风险评估库包含的内容包括工种、作业任务、作业步骤、危害名称、危害类别、危害分布、特性及产生风险条件、可能导致的风险后果、细分风险种类、风险范畴、可能暴露于风险的人员、设备及其他信息、现有的控制措施、风险等级、建议采取的控制措施等内容。

根据电网状况、设备范围环境变化及管控措施，梳理编制各专业的风险评估库，最终形成本企业的风险概述，发布企业基准风险数据库。在此基础上，编制手指口诵安全作业标准卡将极大减少编制时间。

（3）编制各专业作业现场手指口诵安全作业标准卡。应遵循有效性、实用性、易接受、可操作、能执行、准确、简练、具体、生动等基本原则。

手指口诵安全作业标准卡模板见第 4 章所示各专业的图表样式，采用"五步法"分析作业任务和关键步骤，进行危害识别和风险评估，分析危害可能的情景、特征和产生的条件，提出相应的风险控制措施。最后，针对关键风险编制手指口诵措施项目。为了方便培训和训练，针对每个手指口诵项目编写明确的手指动作和口诵内容，拍照示范。

（4）现场试行、反馈修订。编制手指口诵安全作业标准卡之后，应在生产实际当中进行应用检验，发现错漏或者从实用性检验需要修编的，应及时尽早地进行手指口诵安全作业标准卡修编工作。修编工作应做好版本控制，将汇总修订建议清单汇报给推进办公室，由推进办公室安排指定修编人员。

本步骤时间不宜过长，尽快确定最终的手指口诵安全作业标准卡，以便后续固化训练。当然本步骤也可以和下面的训练固化培训在前期同步进行。

（5）固化贯标培训。手指口诵安全作业法的固化贯标培训包括了基本动作要领训练和各专业手指口诵安全作业标准训练两大内容。基本动作要领训练是使得手指口诵的动作符合规范要求，动作越标准，生理激励的作用就越明显。专业手指口诵安全作业标准的训练是在基本动作要领熟悉的情况下，结合本专业的手指口诵安全作业标准卡的内容，熟悉危害类别、危害分布和防控措施等内容，结合手指口诵动作要领，边手指边口诵关键内容，做到"心、眼、手、口"的集中联动，达到刺激大脑集中精力、提高危害警觉度的目的。

训练方式可以采用集中培训、分部门培训、班组互训等各种形式。集中培训是讲解动作要领、消除面子问题，放下心中戒备或胆怯心理。集中培训选拔动作优秀人员作为内训师，在以部门为单位的分部门培训过程中，内训师作为指导和督导，给予各部门或班组指导与督促，以便尽快让员工熟悉动作要领和整套动作的协调性、连贯性。班组互训方式是以班组为单位，分班组内部培训和班组之间的互相学习与检验培训。这种方式对内训师要求不高，比较适合强化训练和缩短行为固化时间。班组内部的互训方式是两人结对子相互学习与检查，在工作之余或者班前班后会期间开展。班组之间的互训则是在推进初期快速推广的方法，以标杆班组为榜样，前往旁观、学习和现场教学，由于班组互训方式结合了班前会和作业前准备工作开展，贴近生产实际，因此效果会比集中培训要好。

把固化贯标培训作为深化"手指口诵"工作的基础工作来抓，采取各种办法，采取多种手段强化"手指口诵"的学习与培训。对培训不合格的职工反复进行强化培训，直至合格；抽考不合格的职工一律不得上岗。同步开展全员工作，使全体员工在不知不觉当中学会遵章守纪，在潜移默化之中规范人的行为，从而使管理理念、操作技能和职业素养内化于心、外化于行、固化于制，有力地促进"手指口诵"工作的深入开展。

在开展固化贯标培训一段时间后，进行培训效果评估，可以通过笔试、实操测试和知识竞赛方式进行，检验培训固化的效果，并通过评估活动促进员工加深认识，改正错误，巩固动作要领，熟悉作业标准卡内容，促进在生产实际中应用。

3. 检查阶段

（1）过程跟进检查。过程跟进检查是由推进办公室安排跟进检查人员分别到班组进行检查指导，目的有：①检查推进执行情况，协调资源及时推进；②化解部分员工的疑惑或不良情绪；③纠正和讲解动作规范要领。

推进办公室的跟进检查，需向推进委员会汇报推进执行情况和员工反馈的问题，根据情况商讨对策，及时化解阻力，做好员工思想工作，并协调工作和资源使得各部门能按推进计划执行。

定期公布工作进度，通过工作例会、宣传栏、专刊、简报等方式，向全员公布推进活动开展情况，让员工及时了解手指口诵工作推进动态，确保推进工作稳定和持续，消除部分员工观望和应付的不良行为。

对推进手指口诵安全作业法的过程中员工表现出来的不良情绪和问题，应通过扎扎实实的思想工作，运用一切宣传手段，努力调动一切积极因素，倾听员工反映，疏导消极情绪，化解各种不利因素，让职工正确认识、乐于接受手指口诵安全作业法。分为几种情况：

1）"无用论"引起的不愿做。认为手指口诵是花架子、不实际、只是表面的仪式动作。这类问题需要引导员工正确认识手指口诵发挥作用的机理，用其他员工感受和案例让亲身经历的员工现身说法，在班组内部展开讨论，正确认识手指口诵的作用，尤其认识到手指口诵可以培养个人对安全的高度警觉性，不会受其他因素的干扰而中止安全确认，提高了安全意识水平。无论是在工作中还是生活上，都保障了员工的切身利益，是自我保护的一种手段和良好行为习惯。

2）"重复论"引起的不想做。认为已经有相关制度如"监护复诵制""专人监护制""任务观察"等多重保障制度，作业指导书也有流程步骤一步步确认，现在又增加手指口诵，认为多此一举，还增加了记忆负担。这类问题往往会和"无用论"在一起作用导致员工抵触或消极执行手指口诵安全作业法，针对"重复论"需要极耐心细致地做解释和分析工作。电力很多制度都是用"血的教训"换来的，无可争议会起到保护作用，只要严格执行才可以最大限度消除风险危害，因此强调两者并不冲突，而是相辅相成的。

3）"表演论"引起的不敢做或做不好。这是认为手指口诵动作过于机械、不好看，害怕"丢脸"的心理作祟。解决这类问题需要打消该员工的胆怯和不好意思的想法，可以依据人类的从众心理，采用班组多人一起训练，或者在每日的班前会上采用手指唱和形式确认作业风险，营造氛围。手指口诵动作一旦在众人面前多做几遍或连续几天演练后，就会打消这类问题形成的心理作用。

（2）检查评比。定期组织检查考核手指口诵安全作业法的应用效果是推进工作中非常重要的环节。例如将该工作列为各级安全检查的规定内容，从严考核，力求抓出实效。专门成立检查组，通过听取汇报、查看资料台账、现场演练和随机抽查提问等形式对各部门各单位进行综合考评，促进工作的开展。同时将该项工作推进落实的考核情况纳入到安全管理绩效考核内容当中，从班前会抽考、作业现场抽考、安全督查现场抽考等考核为手段，贯穿在推进工作的全过程，奖罚并举，推进手指口诵安全作业法的全面深入应用。

（3）有效激励，固化习惯。运用多种激励手段，尤其是正向激励，对促进手指口诵安全作业法的推进工作，培养安全行为习惯是非常必要的。激励包括物质激励和精神激励两种：

1）物质激励。在推进过程中，物质激励可以包括在贯标固化培训、检查评比阶段开展评比并设立奖项，一般可以设立优秀个人奖、优秀团队奖、进步奖等。

2）精神激励。手指口诵安全作业法培养的是一种安全行为文化，因此除了物质奖励外，有效的精神奖励对促进和持续培养良好的行为习惯、培育企业浓厚的安全文化大有裨益。精神奖励主要包括荣誉奖励、领导肯定、品牌形象、外训激励等。

荣誉奖励包括了发放荣誉证书、介绍改善经验、在宣传栏和企业网站上公布张贴优秀个人和优秀团队照片。

领导肯定是企业领导对推进工作中表现优秀的员工和团队给予由衷肯定，不仅在颁奖大会上，而且在日常工作的巡查、检查和领导视察过程中，询问和关心手指口诵安全作业法开展情况以及安全防护、安全文化建设情况，传递出领导高度重视和关心员工安全的态度，激励员工。

品牌形象是企业将手指口诵安全作业法作为安全行为养成的宣传品牌，在制作宣传展板、宣传视频时，由优秀员工和优秀团队、进步团队在画面展示自己的作业形象，代表了企业良好形象，增加员工自豪感。

外训激励是组织员工外出参观考察优秀企业的安全文化建设，开拓视野、汲取养分，激发员工精益求精的热情，提升自身修养。

4. 总结阶段

（1）评估总结，表彰优秀。对手指口诵安全作业法的评估总结，是在推进计划进入检查阶段并执行了检查反馈、改进改善后一段时间，再进入总结评估阶段。此时的总结评估是对整个手指口诵安全作业法推进工作的全面评估，为下一步将手指口诵安全作业法纳入企业常规化管理做效果评估、机制完善的奠基工作。

总结评估包括手指口诵安全作业法推进评估，也包括各部门各班组开展安全行为文化建设的工作评估。评估手指口诵安全作业法集中在应用情况和成效两个方面，应用情况是员工对其掌握的熟练程度和日常开展应用情况。成效方面则是倾听员工反馈的心声、考察员工安全行为改善情况。员工的安全行为改善可以采用观察法、双盲演练测试法、提问法和记录资料查询法等进行考察。

观察法是在作业现场进行的行为观察和记录，该方法可以结合在推进前后做一段时间行为观察记录，收集数据后便于前后对比。

双盲演练测试法是考察组通过举办演练，在模拟作业现场通过道具设置一些危险点，观察演练人员进入现场后的行为表现进行评估。

提问法可以结合日常检查、观察法、演练的进行过程当中，通过提问考察员工的安全认知水平和反应能力。

记录资料查询法是通过查看日常工作中的日志记录，了解是否发生未遂事件、不良行为记录等。

以上方法以观察法、演练法最为贴近实际，能较好反映被观察人员的行为习惯，虽然投入稍微大一些，耗时耗力，但提供了最真实的数据，更有利于针对性地提出改善措施。

通过总结评估后选出优秀个人和优秀团队，由推进办公室组织召开总结表彰大会。大会议题一般包括推进办公室汇报推进工作总结、推进委员会主任总结讲话、员工代表发表感言、部门领导发言、企业领导颁奖和企业领导总结讲话等议题。

（2）汇总意见，完善制度。在手指口诵安全作业法推进过程中，推进办公室应及时整理相关资料。推进工作结束后，应尽快组织相关人员搜集整理过程资料，并对活动进行系统的回顾、总结和提炼，形成成果资料。具体内容见表 3-1。

表 3-1　推进工作的资料整理汇总

资料分类		内容
推进过程资料	过程管理类资料	推进计划；推进方案；阶段总结报告
	过程记录类资料	工作记录；会议纪要；活动资料
	培训宣传类资料	宣传栏；培训视频；宣传手册；培训课件
	检查评比类资料	检查评分表；汇总统计结果；评估报告
推进成果资料	手指口诵宣传片	宣传手指口诵安全作业法的方法、成效
	手指口诵安全作业标准卡	各专业在推进过程中完成的手指口诵安全作业标准卡

通过推进过程中不断探索、反馈、评估和总结，逐步完善并形成相对完善的管理办法，包括《手指口诵安全作业法业务指导书》《手指口诵安全作业法推进奖励办法》等，进一步促使手指口诵安全作业法纳入日常工作常态化管理。

3.3.4　推进要点

1. 要点一：高层领导重视，身体力行，率先垂范

推行手指口诵安全作业法，企业高层领导要身体力行，率先垂范，明确推行手指口诵安全作业法的重要意义，做执行手指口诵安全作业法的表率。

（1）企业高层领导应明确手指口诵安全作业法推行的各阶段目标，讲清手指口诵作业法的现实意义。推进手指口诵安全作业法的目的是倡导自主安全管理、养成安全行为习惯、提高安全意识的一种手段，是实现企业安全文化理念落地的一个载体。

（2）企业高层领导应意识到推行手指口诵安全作业法的过程中可能遇到的困难，在宣贯大会上应表明决心，坚定信念。以企业使命、安全责任、安全理念激发全体员工，强调手指口诵安全作业法的重大意义，消除部分员工的观望、疑虑态度和抵触情绪。

（3）推进委员会领导在推进过程中应经常深入生产一线做现场指导、讲解、检查、观摩，给员工关怀、鼓励和慰问，聆听员工心声，认真听取员工反馈的问题，及时加以解决。对部分员工表现出来的消极情绪，应仔细了解原因，认真讲解和引导，促进该员工正确对待手指口诵的态度和端正认识。

（4）领导干部应亲力亲为，在参与班组安全讨论、开展安全检查等工作中，以身作则，认真执行手指口诵安全作业法。为全体员工树立榜样，消除部分员工胆怯和畏惧心理。在动员大会、安全生产月等会议上，率领全体与会人员以手指口诵或手指唱和形式，口诵安全使命和安全文化理念，倡导"生

命至上，安全发展"的理念。

2. 要点二：树立典型，先行试点，分步推广

在一些规模较大、组织机构层级较多、职工人数较多或存在诸多不利因素的电网企业，推行手指口诵安全作业法是较为复杂的系统工程，可以先试点试行，再逐步推广。

通过先试点，不断总结手指口诵安全作业法的特点、规律以及在本企业碰到的问题，研究新情况、解决新问题、探索新方法，发挥手指口诵安全作业法的积极作用，从点到面，逐步推开。推行手指口诵安全作业法，要坚持把手指口诵安全作业法作为安全管理措施的有机组成部分，把推行手指口诵作为企业安全文化建设的落地载体，贯穿安全生产全过程。

同时，先行试点单位在试点应用中培养出一批内训师，由这批内训师在推广阶段组成教练团，分配到各个部门、各单位开展培训和督导检查，以身说法、手把手传经授道，起到很好的推广传播和督查作用。

3. 要点三：推广过程中应与危险辨识、风险评估与管控、精细化管理紧密结合

手指口诵安全作业法是基于危害辨识、风险评估与管控为基础，集中调动心、眼、手、口联动刺激大脑引起对安全的高度重视，做到人、机、物、环、管的统一，因此要努力做到：和危害辨识相结合，和风险管控相结合，和精细化管理相结合，和打造本质安全型企业愿景相结合，和班组建设相结合，和打造高技能的职工队伍相结合，和职工日常安全宣传教育相结合，和开展岗位练兵和技术比武等活动相结合。使手指口诵安全作业法的推进规范化、制度化、常态化，防止推进活动简单化、形式化。

4. 要点四：通过案例分析适时切入和引导推进，消除思想障碍

在推行手指口诵安全作业法的过程中，会有部分员工怀疑手指口诵的效果和作用，甚至会出现推行遇阻的情况。此时，抓住身边发生的人为原因的事故、事件、未遂等，及时组织开展反思，适时切入推进手指口诵安全作业法，

引导员工认识到手指口诵的作用。

推进手指口诵安全作业法时的案例分析应抓住以下几点。

（1）事件由哪些人为原因引起，属于哪种类型。不同事故事件的人为原因是不相同的，其处理方式和防范措施也不相同，治理的手段也不一样。因此，需要区分不同的原因类型，只有抓住那些因为人的麻痹、精神不集中、忽视、走神、不以为然等引发的失误的特征，适时引入手指口诵安全作业法，才会起到事半功倍的效果。

（2）分析案例时由员工自己推演分析，督导人员和指导人员仅发挥引导作用，在讨论解决方案时再适时导入"如果试一试手指口诵会怎么样"的提议，由员工此时按手指口诵的动作去推演处理现场事情的过程，这样的效果比起说教式讲解效果会更好，也更容易让员工接受自己推导出来的结论"原来手指口诵安全作业法真的有效"。

（3）在分析解决方案时，不局限在手指口诵的解决方案，而应该让员工探讨和比较各种解决方案优劣，甚至尝试与手指口诵安全作业法相互补充或结合起来的方案，以此提高认识、改进现有的手指口诵安全作业法，使之更适合现场作业人员的使用。

（4）案例分析时应以正向激励为主，以头脑风暴的方式不排除任何意见，即不要反驳员工提出的任何疑问和观点，而是作为一种观点先写下来，然后通过推演和逐层分析，让员工自己探索出最佳的解决方案，同时在分析过程中引导其反思事件行为，分析各种观点的利弊，尽量避免在分析过程中形成对立面，即使观点正确，论据充分，处于对立面的员工也不乐于接纳任何正确的观点。

5. 要点五：由推行到常态化管理，需要持续改进，不断深入

手指口诵安全作业法的推行过程，不是一蹴而就的，在推行过程中会遇到一些困难，甚至可能出现反复而无法坚持下去，无法做到常态化管理。因此，需要本着"打持久战"的精神，与顽固的不良行为习惯斗争到底。

（1）巩固成果需要持续改进。在手指口诵安全作业法的推进期间，由于各方紧锣密鼓地努力推进，带动全员参与推进活动，迎来了创新管理小高潮。一旦推进工作结束，在即将转入常态化管理的时候，如果没有及时总结经验，形成常态化管理制度和机制，往往会松劲而导致功亏一篑。只有做好推进过程的总结和提炼工作，将问题的解决方案固化为制度，形成持续改进的机制，才能巩固推进工作的成果，顺利地转入常态化管理，从"形式化"的推进工作转为"主动行事"和"自然做事"的行为习惯。

（2）持续改进才能改变员工行为习惯。人的行为习惯需要经过一段长期的磨砺才能形成习惯，而且不良的行为习惯需要付出很大的努力才能纠正，并且需要持续以正确的行为行事，持续地正向激励，才能确保刚形成的良好习惯不走回头路，避免付诸东流。譬如有戒烟成功经历的人就会知道需要不断地强化吸烟的坏处，强化戒烟好处，凭借毅力才能最终持久成功地戒烟。

（3）持续改进才能建立本质安全型企业，成为本质安全人。手指口诵安全作业法是一项管理方法和管理手段，通过推行手指口诵，奠定了员工良好的安全行为基础，但仍需要不断完善和提高企业安全管理工作，不断推进企业的安全文化建设，保持开放的心态，以不断创新的安全管理思路和方法创建本质安全型企业，培养员工成为本质安全人。

3.4 作业风险评估训练

要正确使用手指口诵安全作业法，就必须开展作业风险评估训练。作业风险评估训练是手指口诵安全作业法的基础，应该清楚知道作业环境中面对的危害与风险，应采取手指口诵确认的对象与状态内容。

同时，作业风险评估训练的重要目的之一，是要使员工具备一种安全敏锐力和观察力，使员工在任何情况下，都能自动自发地用风险评估的模型对当前作业的风险状况进行评估，准确把握风险存在的内容和时间、空间、结构分布，从而采取有效、准确的风险控制措施，有效防范风险，避免事故事件发生。

当前行业普遍使用的安全工作规程是基于历史和事故事件总结得出的，是应对风险十分有效的技术措施。但由于安全工作规程是基于问题形成的，是一种经验式的技术措施总结，不能覆盖作业的所有标准环节，但风险是存在于所有环节的，在作业中，如果作业人员遇到经验提示的这种情况，可以用到这种技术防范措施，如果遇不到，就不使用。即使是使用，也要建立在员工能够识别到这种风险存在的基础之上，如果识别不出风险，自然就不会使用风险控制措施，因此必须对员工进行作业风险评估技能的训练，培养员工辨识危害、控制风险的能力，使员工形成安全直觉，即使在面临一种新的危害且现有风险控制措施是空白的情况下，也可以依靠这种安全直觉，感知危险，识别风险，采取针对性的控制措施。

作业风险评估训练包括以下六个步骤：

（1）确定需要做风险评估的作业任务，并确定关键任务清单；

（2）将作业任务按照逻辑顺序分解为几个步骤；

（3）评估每一个步骤的风险，并制定风险控制措施；

（4）为关键任务编制作业控制文件；

（5）将风险评估结果与员工沟通；

（6）动态修正风险、定期评审和持续改进。

在实际操作中，应每年组织一次作业风险评估培训，通过案例应用分析，对在作业中如何识别风险、如何评估风险、如何控制风险进行培训。

步骤1：哪些工作要做作业风险评估，哪些任务要列入关键任务清单。

（1）将已经开展过的、未来可能要开展的作业任务列出形成任务清单。

（2）对任务清单所列任务进行作业风险评估。

（3）按关键任务识别标准进行识别，符合标准的列入关键任务清单。

（4）做好作业风险评估动员，确保员工全力投入。

参与风险评估的人一般包括以下几个方面的人员：①工作负责人；②班组成员；③专业技术人员；④安全管理人员；⑤领导或特邀专家。

评估小组应包括以上人员才能保证作业风险评估的准确性与完整性。作业风险技术虽然是一种逻辑性比较强、技术要求高、对评估人员具有一定的文化素质要求的方法，但作为电网企业技术人员，普遍具有较高的文化素质，作业班组应全员掌握作业风险评估技术。

步骤 2：将作业任务按照逻辑顺序分解为几个步骤。

按照作业逻辑和节点，将每一项作业任务按顺序分解为几个关键的步骤，步骤只说明做什么。

一般只将作业任务分解在 10 个步骤以内进行风险评估，如超过 10 个步骤，说明该作业可能是几个分步作业组成的，可将大任务分解为小任务，再将小任务分解为几个关键作业步骤进行风险评估。

步骤 3：评估每一个步骤的风险，并制定风险控制措施。

《作业风险评估表》（见附录 C）揭示了完整的作业风险评估流程，按表格内容逐一填写、顺次开展。表格中的内容及填写方法如下：

（1）部门：是生产活动涉及的部门。

（2）班组：是生产活动涉及的部门内班组。

（3）工种：是生产活动中专业作业活动的分类。工种主要有：线路运检、带电作业、变电巡检、变电检修、继电保护、高压试验、自动控制、配电等。

（4）作业任务：指各班组涉及的工作任务，通过工作任务清单识别确定。

（5）作业步骤：即作业过程按照执行功能进行分解、归类的若干个功能阶段，一般按照完成一个功能单元进行划分。

（6）危害名称：执行每一步骤中存在的可能危及人员、设备、电网和企业形象的危害的具体称谓，作业中经常面临的危害名称可针对《安健环危害因素表》（见附录 A）进行选择，表中未涉及的危害一般填写格式为"副词 + 名词或动名词"，如"压力不足的车胎""有尖角的设备"等。

危害因素的识别从以下几个方面去考虑确定，如图 3-6 所示危害因素识别的维度图。

横向： 人（跟作业有关的所有人、人衍生出的管理行为、管理流程、管理程序、工法、工艺等）、机（固定的设备、设施，人使用的设备设施，人使用的工具、周围存在的设备设施、使用的材料及备品备件）、环境（地理环境、气候天气、社会环境、舆论环境、法律环境、重点客户、重要社会活动等）；

纵向： 事前、事中、事后（事前、事中、事后都可能出现人、机、环境的问题）；

风险控制措施选择顺序： 消除、终止、替代、转移、工程、隔离、个人防护、行政管理（人、机、环境的风险控制均可选择这些顺序）。

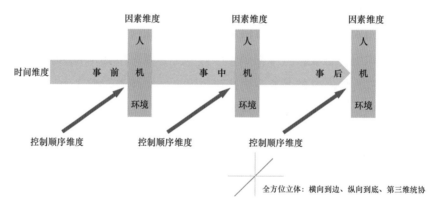

图 3-6　危害因素识别的维度图

以登高作业为例，三个维度的风险分别按照该风险主线分析。分析出来后，同类的归并，不同类的并列；重点的控制，非重点的忽略；有针对性的留下，没有针对性的删除。梳理出登高作业的危害因素如图 3-7 所示。

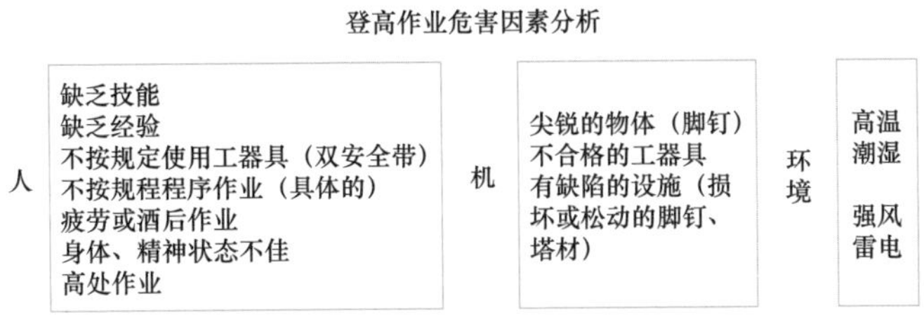

登高作业危害因素分析

| 人 | 缺乏技能
缺乏经验
不按规定使用工器具（双安全带）
不按规程程序作业（具体的）
疲劳或酒后作业
身体、精神状态不佳
高处作业 | 机 | 尖锐的物体（脚钉）
不合格的工器具
有缺陷的设施（损
坏或松动的脚钉、
塔材） | 环境 | 高温
潮湿
强风
雷电 |

图 3-7 登高作业危害因素

（7）危害类别：分为 9 大类，包括物理危害、化学危害、机械危害、生物危害、人机工效危害、社会—心理危害、行为危害、环境危害、能源危害。

（8）危害分布、特性及产生风险条件：对辨识出的危害，在本单位范围内进行普查，确定其存在的数量、位置、时间以及相关的化学或物理特性，即说明在执行同类作业任务时，该危害存在于哪些地方？有多少？什么时间会涉及？该危害的可能重量、强度、长度等？

这一部分是风险评估十分重要的重要的部分，识别是否全面，关系到风险识别是否全面、控制措施制定是否全面，在开展此项工作时，往往要充分发动具有不同工龄、不同经验、不同层次的人员充分贡献自身的经验和知识，才能将危害分布、特性及产生风险条件辨识全面，为风险评估和控制的全面性、真实性、针对性打下坚实的基础。

（9）危害可能导致的风险后果：即现存危害可能引起风险的最可能后果，并描述具体结果信息，包括人身伤残（列明可能的人体伤、残部位）、人身死亡（列明可能的死亡人数）、设备损坏（列明可能损坏的设备或部件、损失的金额）、事故/事件（列明可能导致的事故事件等级）、健康受损（列明涉及人员的生理和心理上的可能受到的影响）、环境污染/破坏（列明污染/破坏的环境区域和范围）、供电中断，形象受损（列明可能造成受影响的范围）。

（10）细分风险种类与风险范畴：导致风险的原因及对应的类别按照安全生产风险分类目录表（见附录 B）。

（11）可能暴露于风险的人员、设备及其他信息：即对所评估出的作业风险，确定执行所评估的作业任务涉及的人员数量、作业时间频率、影响的设备或电网范围等。

（12）现有的控制措施：根据确定的风险和风险涉及的人员、设备暴露情况，查找目前已有的控制措施，措施一般包括三类：

1）管理性措施，管理性的措施用于完善标准。

2）现场执行措施，现场执行性的措施（行为）进入作业控制文件和行为控制。

3）环境和设备设施措施，设备／设施／环境类的问题编制计划立即整改。

把握三维度方法的应用，确保措施的针对性、全面性。

横向： 人、机、环境（分析有哪些危害及控制措施）；

纵向： 事前、事中、事后（完善措施、甄别控制措施如何落实）；

风险控制措施选择顺序： 消除、终止、替代、转移、工程、隔离、个人防护、行政管理（优化措施效益）。

按图 3-8 所示制定风险控制措施（以登高作业为例）。

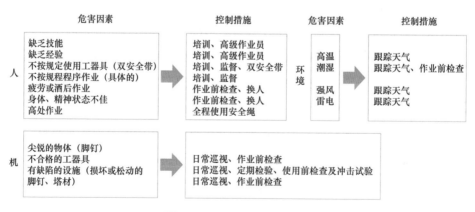

图 3-8　作业风险控制措施

措施制定完毕后，按图 3-9 确定风险控制措施（以登高作业为例）。

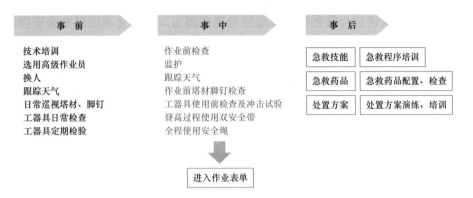

图 3-9 作业事前、事中、事后风险控制措施

最终确定事前、事中、事后风险控制措施。

（13）风险等级分析。进行风险等级分析时需考虑三个因素：由于危害造成可能事故的后果；暴露于危害因素的频率；完整的事故顺序和发生后果的可能性。

风险评估公式：风险值 = 后果（S）× 暴露（E）× 可能性（P）

在使用公式时，根据本单位现有的基础数据和风险评估人员的判断与经验确定每个因素分配的数字等级或比重。同时，在暴露（E）的选择上，应充分参考本单位收集的未遂事件、百万工时工伤意外事件，修正暴露（E）的取值，确保数据准确。

（14）后果：由于危害造成事故的最可能结果，可借鉴电力系统内同类型作业任务中出现过的情况（见表 3-2）。

表 3-2　后果值对应表

序号		后果的严重程度	分值
1	安全	造成人身较大及以上事故（死亡≥3 人或重伤≥10 人）。造成设备较大及以上事故（直接经济损失≥1000 万元）。造成较大及以上电力安全事故	100
	健康	造成 3~9 例无法复原的严重职业病。造成 9 例以上很难治愈的职业病	

序号		后果的严重程度	分值
1	环境	造成大范围环境破坏。 造成人员死亡、环境恢复困难。 严重违反国家环境保护法律法规	100
	社会影响	受国家级媒体负面曝光。 受上级政府主管部门处罚或通报	
2	安全	造成人身一般事故（死亡 1~2 人或重伤 1~9 人）。 造成设备一般事故（直接经济损失在 100 万 ~1000 万元之间）。 造成一般电力安全事故	50
	健康	造成 1~2 例无法复原的严重职业病。 造成 3~9 例以上很难治愈的职业病	
	环境	造成较大范围的环境破坏。 影响后果可导致急性疾病或重大伤残，居民需要撤离。 政府要求整顿	
	社会影响	受省级媒体或信息网络负面曝光。 受南方电网公司处罚或通报	
3	安全	造成人身一级事件（轻伤 ≥ 5 人）。 造成设备一级事件（直接经济损失在 50 万 ~100 万元之间）。 造成电力安全一级事件	25
	健康	造成 1~2 例难治愈的职业病或造成 3~9 例可治愈的职业病。 造成 9 例以上与职业有关的疾病	
	环境	影响到周边居民及生态环境，引起居民抗议	
	社会影响	受地市级媒体负面曝光或相关方人员集体联名投诉。 受公司处罚或通报	
4	安全	造成人身二级事件（轻伤 3~4 人）。 造成设备二级事件（直接经济损失在 25 万 ~50 万元之间）。 造成电力安全二级事件	15
	健康	造成 1~2 例可治愈的职业病。 造成 3~9 例与职业有关的疾病	
	环境	对周边居民及环境有些影响，引起居民抱怨、投诉	
	社会影响	受县区级媒体负面曝光或大量人员投诉。 受本单位内部处罚或通报	

续表

序号		后果的严重程度	分值
5	安全	造成人身三级事件（轻伤 2 人）。 造成设备三级事件（直接经济损失在 10 万 ~25 万元之间）。 造成电力安全三级事件	5
	健康	造成 1~2 例与职业有关的疾病。 造成 3~9 例影响健康的事件	
	环境	轻度影响到周边居民及小范围（现场）生态环境	
	社会影响	少量相关方人员投诉。 受本单位内部批评	
6	安全	造成人身四级事件（轻伤 1 人）。 造成设备四级及以下事件（直接经济损失在 10 万元以下）。 造成电力安全四级及以下事件	1
	健康	造成 1~2 例有健康影响的事件	
	环境	对现场景观有轻度影响	
	社会影响	个别相关方人员投诉	

（15）暴露：是危害引发最可能后果的事故序列中第一个意外事件发生的频率，仅限于本班组管辖范围内的作业活动、设备设施和环境中出现意外事件的频率（见表 3-3）。

表 3-3　事故可生频率值对应表

序号	引发事故序列的第一个意外事件发生的频率		分值
	安全、环境、社会影响	职业健康	
1	持续（每天许多次）	暴露期大于 2 倍的职业接触极限值	10
2	经常（大概每天一次）	暴露期介于 1~2 倍职业接触极限值之间	6
3	有时（从每周一次到每月一次）	暴露期在职业接触极限值内	3
4	偶尔（从每月一次到每年一次，不包括每月一次）	暴露期在正常允许水平和职业接触极限值之间	2
5	很少（据说曾经发生过）	暴露期在正常允许水平内	1
6	特别少（没有发生过，但有发生的可能性）	暴露期低于正常允许水平	0.5

（16）可能性：即一旦意外事件发生，随时间形成完整事故顺序并导致结果的可能性，可能性取值以公司范围内的事故事件、异常未遂情况为参考（见表 3-4）。

表 3-4　事故发生可能性分值对应表

序号	事故序列发生的可能性		分值
	安全、环境、社会影响	职业健康	
1	如果危害事件发生，即产生最可能和预期的结果（100%）	频繁：平均每 6 个月发生一次	10
2	十分可能（50%）	持续：平均每 1 年发生一次	6
3	可能（25%）	经常：平均每 1~2 年发生一次	3
4	很少的可能性，据说曾经发生过	偶然：3~9 年发生一次	1
5	相当少但确有可能，多年没有发生过	很难：10~20 年发生一次	0.5
6	百万分之一的可能性，尽管暴露了许多年，但从来没有发生过	罕见：几乎从未发生过	0.1

（17）风险等级：根据计算得出的风险值，可以按下面关系式确认其风险等级和应对措施。风险等级可分为"特高""高""中""低""可接受"。

特高的风险：400 ≤风险值，考虑放弃、停止；

高风险：200 ≤风险值＜ 400，需要立即采取纠正措施；

中等风险：70 ≤风险值＜ 200，需要采取措施进行纠正；

低风险：20 ≤风险值＜ 70，需要进行关注；

可接受的风险：风险值＜ 20，可以容忍。

（18）建议采取的控制措施：对评估结果中风险值≥ 70 的，应提出控制风险的措施建议，控制措施建议可从管理措施和工程技术措施两个方面提出，优先考虑工程技术措施。

（19）控制措施的有效性：是估计提议的控制措施消除或减轻危险的程度，按照表 3-5 选择相应等级。

表 3-5 纠正程度对应表

序号	纠正程度	等级
1	肯定消除危害，100%	1
2	风险至少降低 75%，但是不完全	2
3	风险降低 50%~75%	3
4	风险降低 25%~50%	4
5	对风险的影响小（低于 25%）	6

（20）措施成本因素：根据所提出的建议措施，估计可能需要花费的成本并对应表 3-6 选择相应等级。

表 3-6 成本因素对应表

序号	成本因素	等级
1	超过 500 万元	10
2	100 万 ~500 万元	6
3	50 万 ~100 万元	4
4	10 万 ~50 万元	3
5	5 万 ~10 万元	2
6	1 万 ~5 万元	1
7	1 万以下	0.5

（21）措施判断结果（只适用 PES 法进行的评估）：计算出具体的判断数值，计算公式如下：

$$判断（J）= \frac{风险值}{成本因素 \times 纠正程度}$$

判断（J）≥ 10，预期的控制措施的费用支出恰当；

判断（J）< 10，预期的控制措施的费用支出不恰当。

（22）建议的措施是否采纳：在"是"或"否"栏根据判断结果以及现

场的可操作性、适宜性、资源情况等综合进行判别后确定。

步骤4：为关键任务编制作业控制文件。

由于关键任务的重要性和危险性较高，为确保作业安全，关键任务必须编制作业控制文件，平时作为培训学习用，作业时用于作业指导。作业风险评估数据应输出到作业指导文件，并动态保持一致。作业指导文件一般是作业指导书，临时性、阶段性、新的作业任务作业风险评估可以是作业指导书或等同、具备作业指导书功能、要素的其他文件，如方案等，但应在下一周期规范为作业指导书。

需要强调说明的是，在所有的作业任务中，能够评定为关键任务的作业是少数，根据企业生产流程复杂程度和环境的不同，关键任务可能占总任务的10%~30%，剩余的70%~90%的非关键任务，在业务控制文件方面主要通过JSA，即工作任务安全分析或简单的书面文件（工作票、简单方案、表单）保障安全。非关键任务由于作业简单、危险性低、风险等级较低，通过对作业人员的日常安全、技能培训，依靠人的基本专业技能、作业经验、简单的书面文件就可以控制风险，不需要用到复杂的作业指导书。但70%~90%的非关键任务，同样需要通过手指口诵安全作业法对事前、事中、事后的风险和控制措施进行确认，这是非关键任务不使用复杂作业指导书的前提。

步骤5：将风险评估结果与员工沟通。

作业风险评估结束后，应组织班组员工学习、熟悉作业风险评估内容，确保每一位员工清楚评估的内容、方法以及风险。

步骤6：动态修正风险、定期评审和持续改进。

每次作业前，应针对现场实际对已经评估的风险进行核实，现场存在新增风险的，应补充到作业指导书，确保作业指导书所载风险与风险数据一致，并根据实际风险完善风险控制措施。作业中同样需要根据实际情况，不断辨识存在的风险和采取控制措施。

3.5 编制手指口诵安全作业标准卡

3.5.1 编制手指口诵安全作业标准卡步骤

手指口诵安全作业标准卡是将各专业的作业任务存在的危害、危害分布、风险控制措施和手指口诵确认项目汇编而成的一张表单，旨在作业前再一次清楚确认该作业任务的危害与风险和控制措施，通过实施哪些手指口诵安全作业确认项目来防范风险和避免事故事件发生。手指口诵安全作业标准卡主要用于训练，是推广活动的载体和产物，通过训练使人员熟悉卡中的内容，不需要在现场作业中使用。各企业也可根据自身实际使用其他推广载体。

以超高压输电公司南宁局正在执行的手指口诵安全作业标准卡和编制《电力变压器（电抗器）预防性试验作业任务》为例，格式见表3-8。该标准卡按"五步骤"让作业人员清楚该作业任务的危害、风险、控制措施和手指口诵确认项目。

第一步：分析作业任务与步骤。在这里主要列出作业任务名称和该作业的步骤程序。如电力变压器（电抗器）预防性试验作业任务，其作业步骤分为：安装试验线、加压试验和结束试验三个主要的步骤。在风险分析和危害分布及控制措施就要围绕这三个步骤进行分析。

第二步：风险分析。在本步骤分析作业任务存在哪些危害，列出危害名称，以及这些危害可能造成的风险和后果。如在本例的作业任务中，存在的危害是不按规定使用个人防护用品、高处作业、误操作和电能。这些危害可能导致发生高处坠落或触电而造成人身伤亡的后果。

第三步：危害分布、特性及产生风险条件。该步骤是分析上述风险及危害存在于作业中的哪些情形，即危害分布情况。同时分析发生危害的特征和条件。以本例的作业任务中触电及高处坠落为例，导致人员触电的危害情况分别存在于作业任务中的情形有：①试验人员走错位置，对正在运行状态的设备进行试验；②试验人员接试验电源时操作不当或监护不到位导致人体触及带电部位；③试验人员开始加压后仍有人员未离开被试设备，可能导致人员触电；④试验结束未停止施压或降压不足够安全就去拆除试验线。

导致人员高处坠落的危害情况在本作业任务中的情形有：①试验人员在梯子或设备上高处作业时；②不使用安全带、安全带未拴牢或安全带系挂在移动、锋利或不牢固的物体上。

第四步：控制措施。针对上述危害分布情况应该实施的控制措施。如针对可能存在的试验人员接试验电源时操作不当导致人体触及带电部位而造成触电，采取的控制措施是：接试验电源前先核对电源箱带电部位，再接取试验电源，并应有专人监护。

第五步：手指口诵确认项目。根据控制措施和手指口诵确认项目选取原则，一般手指口诵确认项目应达到确认人和物的状态符合作业任务的安全要求，来选取确认项目，并以口语化方式编制以便容易记忆。

手指口诵应选择在操作中需要确认的安全事项和对象，可以参考以下选定原则。

1）已有作业程序中的检查项。

2）手指口诵的执行范围应是曾经出现事故事件或重大失误的步骤、关键的作业步骤、有严格顺序要求的步骤、复杂以及类似内容容易发生错误的步骤、发生失误可能会造成后果的步骤，如①作业风险评估后果值超过 50 的作业步骤；②关键任务作业指导书的关键步骤；③新作业任务、新作业步骤；④工作前辨识的新增风险及控制措施；⑤个人防护用品穿戴；⑥可能触电或坠落的作业步骤；⑦二次措施单所载步骤。

3）手指口诵的对象包括人的确认和物的确认：①人的确认包括自己的动作、同事、位置、姿势、服装等；②物的确认包括仪器仪表的数据、工作或操作的设备、设备的操作程序及状态、设备的防护装置或设施、标识的内容等。

手指口诵并不是将作业过程的所有步骤事项都纳入手指口诵事项和确认对象中，遵循的核心原则是确认和确保人—机的安全状态，提醒当前环境下那些容易忽视的不安全行为会造成不良后果，同时遵循二八原则选取关键因素进行确认。围绕这一原则，应同时将针对人员和设备设施作为确认对象。表 3-7 为电力常见作业中需确认的内容，供使用者在实际生产中使用。

表 3-7　电力常见作业中需确认的内容

确认对象类别	确认事项	确认内容	确认场所
人的确认	确认自己	确认自己的精神面貌、情绪	班前会或安全交底
	确认佩戴或携带的安全防护	确认安全带、安全帽、安全手套、猫爪、踏板等安全工器具	现场作业前
	确认位置	确认本人与设备及周围设施的安全位置、安全距离、作业环境	现场作业前
	确认姿势	确认所处作业空间（工作地点与周围环境复杂、线路交叉处、带电设备等）应采取的安全作业姿势和是否已做安全防护措施	现场作业前、现场作业过程中
	确认同伴	相互检查确认同伴的上述事项；确认关联方信息统一（如确认安全措施已落实到位、上一关联作业步骤已经完成、配合事项、确认无关人员在试验加压区外）	现场作业前、进场作业前
物的确认	确认仪表、指示灯、指示标识类	确认温度计、气压计、液压计、液晶显示数据、重合闸把手等在安全范围和指示灯指示正常；确认刀闸处已挂禁止合闸指示牌避免他人合闸	现场作业检查时、现场作业过程中
	确认操作器械	确认登高梯、电动起重机、葫芦吊、安全工器具等设施状况完好或操作到位	现场作业检查时、现场作业结束后
	确认设备	确认作业对应的设备编号、杆塔号、端子箱编号等；确认设备状态开、合位置正常；确认设备开合或动作到位等；确认设备运行或停电状态等，确认设备闭锁到位	现场作业检查时、现场作业过程中
	确认设备的作业条件	确认设备处于适合作业的状态（如开关刀闸已断开；电容器放电完毕；作业围蔽到位等）或作业后已恢复到合适状态	现场作业检查时、现场作业结束后

4）手指口诵举例。

作业动作：验收变压器套管油位指示。

手指口诵：作业人员按标准步骤，手指套管油位指示器，口诵"油位指示在三分之二，油位正常，确认！（对！是！）"。

作业动作：高压试验仪器接地。

手指口诵：作业人员按标准步骤，手指接地线两端，口诵"仪器已经接地，确认！（对！是！）"。

作业动作：失灵回路端子排连接片划开。

手指口诵：作业人员按标准步骤，手指已划开的失灵回路端子排连接片，口诵"失灵回路端子排连接片已划开，确认！（对！是！）"。

作业动作：登塔前核对杆塔号。

手指口诵：作业人员按标准步骤，手指杆塔号牌，口诵"经核对××线路名称与××杆号无误，确认！（对！是！）"。

作业任务：安全带穿戴。

手指口诵：作业人员打好安全带并穿戴好后，手指安全带，口诵"安全带已经戴好，确认！（对！是！）"。

如本作业任务的手指口诵项目有以下内容。

作业前核对设备标识牌，核实被试设备处于停电状态，检查工作现场安全措施。手指被试设备标识牌，口诵"××名称、××设备编号，确认！"，检查核实已处停电状态，手指设备，口诵"已停电，确认！（对！是！）"。

安全带使用前相互检查及冲击试验。口诵"做冲击试验合格，确认！（对！是！）""安全带已戴好，确认！（对！是！）"。

使用的安全带应系在牢固的构件上。口诵"安全带已系在牢固的构件上，确认！（对！是！）"。

接试验电源前核对电源箱带电部位。口诵"电源箱××部位带电，确认！（对！是！）"。

试验加压前检查试验接线，并通知所有人员离开被试设备。口诵"试验接线无误，所有人员已离开被试设备，确认！（对！是！）"。

将手指口诵确认项目再以示例图片并将口诵话语列明清楚，一目了然。

表 3-8 手指口诵安全作业标准卡（示例）

步骤	手指口诵高压试验专业应用案例
第一步	分析作业任务与步骤 作业任务：电力变压器（电抗器）预防性试验 作业步骤：安装试验线、加压试验、结束试验
第二步	风险分析 危害名称：不按规定使用个人防护用品、高处作业、误操作、电 风险：坠落、触电 后果：人身死亡（1~2 人）
第三步	危害分布、特性及产生风险条件 （1）试验人员走错位置，对运行设备进行试验，导致人员触电； （2）试验人员在梯子或设备上高处作业时；不使用安全带，安全带未拴牢，安全带系挂在移动、锋利或不牢固的物体上，导致人员高处坠落； （3）试验人员接试验电源时操作不当或监护不到位导致人体触及带电部位； （4）试验人员开始加压后仍有人员未离开被试设备，导致人员触电
第四步	风险控制措施 （1）工作许可手续完成后，工作负责人、专责监护人应向全体工作班成员交代工作内容、工作地点、人员分工、带电部位和现场安全措施，进行危险点告知，并履行确认手续后，方可开始工作；现场工作开始前，应仔细核对设备标识牌，并检查已做的安全措施是否符合要求；工作负责人、专责监护人应始终在工作现场，对工作班人员的安全进行监护，及时纠正不安全的行为； （2）安全带使用前相互检查及冲击试验；正确佩戴安全带，安全带应高挂低用，确保挂扣牢固；梯子架设稳固，人员在梯子上工作时梯子应有人扶持或绑扎牢固；高处作业全过程须有专人监护； （3）接试验电源前先核对电源箱带电部位，再接试验电源，并有专人监护； （4）试验加压前认真检查试验接线，并通知所有人员离开被试设备，加压过程中应有人监护并呼唱
确认	手指口诵项目 （1）作业前核对设备标识牌，核实被试设备处于隔离停电状态，检查工作现场安全措施。 （2）安全带使用前相互检查及冲击试验。 （3）使用的安全带应系在牢固的构件上。 （4）接试验电源前核对电源箱带电部位。 （5）试验加压前检查试验接线，并通知所有人员离开被试设备

续表

步骤	手指口诵高压试验专业应用案例
（1）作业人员按标准步骤，手指设备标识牌，口诵"经核对被试验设备是 #C2B 主变压器 C 相无误，已处隔离停电状态，确认！（对！是！）"	
（2）作业人员穿戴好安全带并做冲击试验后，手指安全带，口诵"安全带已经戴好并做冲击试验合格，确认！（对！是！）"	
（3）试验人员将使用的安全带系在牢固的构件上后，手指安全带，口诵"安全带已系在牢固的构件上，确认！（对！是！）"	
（4）试验人员接试验电源前核对电源箱带电部位后，手指电源箱，口诵"电源箱 II 段带电，确认！（对！是！）"	
（5）试验人员加压前检查试验接线，并通知所有人员离开被试设备后，手指试验区域，口诵"试验接线无误，所有人员已离开被试设备，确认！（对！是！）"	

3.5.2 电网企业作业现场常用到的手指口诵安全确认事项

结合南方电网公司的企业标准 Q/CSG 510001—2015《中国南方电网有限责任公司电力安全工作规程》中各项安全条例进行梳理，编制出需要在作业现场确认的手指口诵措施。

《中国南方电网有限责任公司电力安全工作规程》		手指口诵
条例号	条例文字	
5.3.4	作业现场的安全设施、施工机具、安全工器具和劳动防护用品等应符合国家、行业标准及公司规定，在作业前应确认合格、齐备	在作业前，作业人员应手指着作业现场的安全设施、施工机具、安全工器具和劳动防护用品，口诵确认："××（设备、设施、用品）数量齐备，检查合格。确认！"
5.3.6	高压设备接地故障时，室内不得接近故障点 4m 以内，室外不得接近故障点 8m 以内。进入上述范围的人员应穿绝缘靴，接触设备的外壳和构架应戴绝缘手套	高压设备接地故障时，人员采取应急措施目测或其他方式判断距离，接近接地点时应手指距离边界，口诵确认："4m/8m，确认！不要进入。"
5.4.4	低压施工用电架空线路应采用绝缘导线，架设高度应不低于 2.5m，交通要道及车辆通行处应不低于 5m	作业人员架设完低压施工用电架空线路并测量符合要求后，手指对地高度，口诵确认："2.5m/ 5m，确认！"
5.5.4	灾后抢修应办理紧急抢修工作票或相应的工作票，作业前应确认设备状态符合抢修安全措施要求	灾后抢修办理紧急抢修工作票或相应的工作票，作业人员作业前检查确认设备状态，手指设备，口诵确认："安全措施符合要求，确认！"
5.3.9	经常有人工作的场所及施工车辆上宜配备急救箱，存放急救用品，并指定专人定期检查、补充或更换	经常有人工作的场所及施工车辆上宜配备急救箱，存放急救用品，并指定专人定期检查、补充或更换。专人在检查急救箱和处理急救用品后，应手指急救箱，口诵确认："×× 药品……齐全，×× 药品在保质期内……确认！"
5.4.1	检修动力电源箱的支路（电焊专用支路除外）开关均应加装剩余电流动作保护器（俗称漏电保护器），并应定期检查和试验	检修动力电源箱的支路（电焊专用支路除外）开关均应加装剩余电流动作保护器（俗称漏电保护器），并应定期检查和试验。作业人员在检查后手指漏电保护器，口诵确认："漏电保护器完好，保护动作检查正常，确认！"

《中国南方电网有限责任公司电力安全工作规程》		手指口诵
条例号	条例文字	
6.1.2.1	外单位在填写工作票前，应由运行单位对外单位进行书面安全技术交底，并在《安全技术交底单》（见附录A）上由双方签名确认	外单位在填写工作票前，运行单位对外单位进行书面安全技术交底，签名后手指着《安全技术交底单》，口诵确认："安全交底完毕。确认！"
6.1.2.2	工作许可手续签名前，工作许可人应对工作负责人就工作票所列安全措施实施情况、带电部位和注意事项进行安全交代	工作许可手续签名前，工作许可人应到现场对工作负责人就工作票所列安全措施实施情况、带电部位和注意事项进行了安全交代。工作许可人手指现场所做安全措施，口诵确认："××安措已经实施到位……确认！"
6.1.2.3	作业前应召开现场工前会，由工作负责人（监护人）对工作班组所有人员或工作分组负责人、工作分组负责人（监护人）对分组人员进行安全交代。交代内容包括工作任务及分工、作业地点及范围、作业环境及风险、安全措施及注意事项。被交代人员应准确理解所交代的内容，并签名确认	作业前召开现场工前会，工作负责人（监护人）对工作班组所有人员或工作分组负责人、工作分组负责人（监护人）对分组人员进行安全交代。工作负责人（监护人）手指交代内容或具体对象，口诵确认："××负责××工作、在××作业范围内作业、存在××风险、措施××、注意××……确认！"工作班成员清楚后手指并口诵"明白，确认！"
6.2.4	作业开工前，工作负责人或工作许可人若认为现场实际情况与原勘察结果可能发生变化时，应重新核实，必要时应修正、完善相应的安全措施，或重新办理工作票	作业开工前，工作负责人或工作许可人认为现场实际情况与原勘察结果可能发生变化时，工作负责人或工作许可人手指着变化点，口诵确认："××发生变化，与实际不符，确认！"并修正、完善安全措施，重新办理工作票
6.4.3.4	值班负责人收到工作票后应及时审核，确认无误后签名接收	工作票接收时，值班负责人手指工作票核对工作票内容，口诵确认："确认无误！"，签名接收
6.5.1.3	电话下达包括电话直接下达和电话间接下达。电话下达时，工作许可人（包括各级许可人）及工作负责人应相互确认许可内容无误后，双方互为代签名	电话下达包括电话直接下达和电话间接下达。电话下达时，工作许可人（包括各级许可人）及工作负责人手指工作票内容，双方口诵确认："下达的工作内容为×××，许可内容一致、无误，确认！"双方互为代签名
6.5.3.2	应以手触试的设备：厂站内的电压等级35kV及以下、高度在2m以下的一次设备导体部分，以及使用厂站工作票的高压配电设备（环网柜和电缆分支箱除外）	作业人员手指设备，口诵确认："××设备电压等级在35kV及以下、高度在2m以下，需要实施以手触试，确认！"

续表

《中国南方电网有限责任公司电力安全工作规程》		手指口诵
条例号	条例文字	
6.5.3.3	"以手触试"环节，应在厂站工作许可人会同工作负责人到达作业现场核实工作票所列安全措施已经完成后，在办理工作许可手续签名前，由工作许可人进行	"以手触试"前，工作许可人手指工作票及已完成的安全措施核对，口诵确认："××安全措施已完成……，确认！"
6.5.3.5	"以手触试"的方法，即用裸手的背面逐渐靠近所试设备，直至触摸到检修设备	作业人员用裸手的背面逐渐靠近所试设备，直至触摸到检修设备，无电后手指无电设备，向工作负责人口诵确认："确无电压，确认！"
6.5.4.1	工作许可人许可前应核对工作负责人身份与工作票填写工作负责人身份是否相符，核对实际工作人数与工作票填写的工作人数是否一致	工作许可人许可前手指工作票，口诵确认："工作负责人为××，确认，工作人数为××人，确认！"
6.5.4.6	厂站内的检修工作，工作许可人在完成施工作业现场的安全措施后，应与工作负责人手持工作票共同到作业现场进行安全交代，完成以下许可手续后，工作班组方可开始工作：	厂站内的检修工作，在完成施工作业现场的安全措施后，工作许可人应与工作负责人手持工作票共同到作业现场进行安全交代，工作许可人逐一手指工作票与完成的安全措施，与工作负责人逐一确认
	a）会同工作负责人到现场再次检查所做的安全措施与工作要求的安全措施相符	工作许可人逐一手指工作票与完成的安全措施，与工作负责人逐一双方口诵确认："××安全已完成，与工作要求的安全措施相符，确认！"
	b）在设备已进行停电、验电和装设接地线，确认安全措施布置完毕后，工作许可人应根据本规程规定，以手触试检修设备，证明检修设备确无电压	工作许可人以手触试检修设备无电后，口诵确认："设备确无电压，确认！"
	d）确认安全措施满足要求后，会同工作负责人在工作票上分别确认、签名	许可人手指工作票，口诵确认："安全措施全部实施完毕，确认！"，工作负责人口诵确认："安全措施全部实施完毕，确认！"，双方签字
6.5.5.1	a）调度直接许可时，确认本调度应负责的安全措施已布置完成，直接通知工作负责人线路具备开工条件，允许开工	调度直接许可时，调度员手指已完成的安措，双方口诵确认："安全措施×××……，已布置完成，确认！"
	b）1）调度许可人确认并通知一级间接许可人，调度检修申请单所列本级调度应负责的安全措施已布置完成	调度许可人通知一级间接许可人，双方口诵确认："本级调度应负责的安全措施已布置完成，确认！"

《中国南方电网有限责任公司电力安全工作规程》		手指口诵
条例号	条例文字	
6.5.5.1	b）2）若有二级间接许可人时，一级间接许可人应通知二级间接许可人，调度检修申请单所列调度负责的安全措施已布置完成；二级间接许可人确认工作票所列调度应负责的安全措施已布置完成，通知工作负责人线路具备开工条件，允许开工	一级间接许可人应通知二级间接许可人，双方口诵确认："调度检修申请单所列调度负责的安全措施已布置完成，确认"；二级间接许可人通知工作负责人，双方口诵确认："××安全措施已布置完成，可以开工，确认！"
	b）3）若无二级间接许可人时，一级间接许可人应确认工作票所列调度应负责的安全措施已布置完成，通知工作负责人，线路具备开工条件，允许开工	一级间接许可人通知工作负责人，双方口诵确认："××安全措施已布置完成，可以开工，确认！"
6.5.5.3	线路停电检修，工作许可人应核实线路可能来电的各方面都已停电、合上（装设）接地刀闸（接地线）等所有调度负责的安全措施后，方能许可工作	线路停电检修时，工作许可人手指安全措施，逐一口诵确认：××安全措施已实施……，确认！
6.5.5.5	若停电线路作业还涉及其他单位配合停电的线路，工作负责人应确认配合停电的线路已停电及做好相应措施，并与线路相应的所辖调度办理工作许可手续后，方可开始工作	若停电线路作业还涉及其他单位配合停电的线路，工作负责人应手指票面确认配合停电的线路已停电及做好相应措施，并与线路相应的所辖调度办理工作许可手续后，口诵确认："××安全措施已实施完毕……确认！"方可开始工作
6.5.5.8	在用户设备上工作，许可工作前，工作负责人应检查确认用户设备的运行状态、安全措施符合作业的安全要求。作业前检查多电源和有自备电源的用户，应已采取机械或电气联锁等防反送电的强制性技术措施	在用户设备上工作，许可工作前，工作负责人手指设备逐一检查口诵确认："××符合要求……确认！"
6.7.1.2	作业人员离开工作现场，工作票所列安全措施不变，宜办理工作间断，但每次复工前应检查安全措施正确完好	复工前作业人员手指工作票与安全措施对象逐一口诵确认："××安措正确完好……确认！"
6.7.1.3	工作间断时，工作班人员应从工作现场撤出，所有安全措施可保持不变；但复工前应派人检查，确认安全措施完备后，方可开始工作	复工前作业人员手指工作票与安全措施对象逐一口诵确认："××安措正确完好……确认！"
6.7.1.4	电话许可的工作间断时，工作票可不交回工作许可人，但要与工作许可人电话确认，并在工作票上做好记录	双方电话确认："××工作间断至××，安措不变，确认！"

续表

《中国南方电网有限责任公司电力安全工作规程》		手指口诵
条例号	条例文字	
6.7.2.3	c) 工作负责人和工作许可人全面检查无误	工作负责人和工作许可人共同全面检查，双方口诵确认："×× 无问题……，确认！"
6.7.3.1	工作间断时，工作地点的全部接地线可保留不动。工作班人员需暂时离开工作地点，必须采取安全措施，必要时派人看守。复工前，应检查各项安全措施的完整性	复工前作业人员手指工作票与安全措施对象逐一口诵确认："×× 安措正确完好……确认！"
6.8.1	使用同一张厂站工作票依次在几个工作地点转移工作时，工作负责人应向作业人员交代不同工作地点的带电范围、安全措施和注意事项	转移到新地点后，工作负责人手指工作票与安全措施对象逐一口诵确认："×× 安措正确……确认！"
6.9.1	若需增加工作任务，无需变更安全措施的，应由工作负责人征得工作票签发人和工作许可人同意，在原工作票上增加工作项目，并签名确认；若需变更安全措施应重新办理工作票	若需增加工作任务，无需变更安全措施的，三方逐一口诵确认："×× 无需变更安全措施，确认！"
6.9.5	工作期间，工作负责人因故暂时离开工作现场时，应暂停工作或指定有资质的人员临时代替，并交代清楚工作任务、现场安全措施、工作班人员情况及其他注意事项，并告知工作许可人和工作班人员。原工作负责人返回工作现场时，也应履行同样的交接手续	工作期间，工作负责人因故暂时离开工作现场时，指定有资质的人员临时代替，以及原工作负责人返回工作现场时，工作负责人手指票面与现场安全措施，逐一口诵确认："×× 如此……，确认！"
6.9.7	线路工作票及低压配电网工作票的工作人员变更时，工作负责人可不通知工作许可人，但需与工作票签发人办理变更手续。其他工作票工作班组人员变更时，工作负责人应确认变更人员是否合适，工作票有签发人的，应报签发人批准，将变更情况在工作票上注明并通知工作许可人。新加入的作业人员，工作负责人应对其进行安全交代	新加入的作业人员，工作负责人应手指工作票与现场进行安全交代，双方口诵确认："×××，确认！"
6.10.2.1	工作许可人办理厂站工作票的作业终结前，应会同工作负责人赴作业现场，核实作业完成情况、工作票所列安全措施仍保持作业前的状态、有无存在问题等，无人值守变电站电话许可的工作票可电话核实上述信息后，方可办理作业终结手续	工作许可人办理厂站工作票的作业终结前，会同工作负责人手指工作票与现场对象，双方口诵确认："×× 已完成，×× 状态正常，遗留 ×× 问题，确认！"

续表

《中国南方电网有限责任公司电力安全工作规程》		手指口诵
条例号	条例文字	
6.10.2.2	末级工作许可人办理线路工作票的作业终结前,应与工作负责人当面或电话核实工作票人员信息无误,工作地点个人保安线、工具、材料等无遗留,全部作业人员已从杆塔上撤下,工作地段自行装设的接地线已全部拆除,有无存在问题等,方可办理作业终结手续	末级工作许可人办理线路工作票的作业终结前,应与工作负责人当面或电话核实作业信息无误,双方逐一核实作业信息并口诵确认:"××,对!"
6.10.2.3	调度许可人办理调度检修申请单的作业终结前,应确认作业现场自行装设的接地线已全部拆除、人员已全部撤离、设备恢复到调度管辖安全措施实施后的初始状态,所有现场工作票已办理工作票的终结。若其中个别工作票因故已办理工作延期且不影响送电的,可办理本调度检修申请单的作业终结	调度许可人在办理调度检修申请单的作业终结前,应与工作负责人确认现场作业信息,双方逐一核实作业信息并口诵确认:"××,对!"
7.3.5	验电时人体与被验电设备的距离应大于表1的作业安全距离	验电前,作业人员目测或用其他方法判断距离,手指边界并口诵确认:"×米,确认!"
7.3.8	间接验电时,应有两个及以上非同样原理或非同源的指示且均已同时发生对应变化,才能确认该设备已无电;但如果任一指示有电,则禁止在该设备上工作	间接验电时,经过两次非同样原理或非同源的指示且均已同时发生对应变化后,作业人员手指设备,口诵确认:"设备确无电压,确认!"
7.4.1.10	作业现场装设的工作接地线应列入工作票,工作负责人应确认所有工作接地线均已装设完成后,方可开工。若线路工作中使用分组派工单分组工作时,每个分组各自工作接地线均已装设完成,经工作负责人核实同意后,该分组开始工作	工作负责人在所有工作接地线均已装设完成后,手指票面逐一核实口诵:"××接地线已接地……确认!"
7.4.1.12	成套接地线应由有透明护套的多股软铜线和专用线夹组成。接地线截面不应小于25mm²,并应满足装设地点短路电流的要求	从仓库取出地线时,作业人员核实参数后手指接地线,口诵确认:"不小于25平方毫米,满足要求,确认!"
7.4.2.1	装、拆接地线时,应做好记录,交接班时应交代清楚	交接班时应逐一交代确认,双方口诵确认:"××地点装设××地线……确认!"
7.4.4.2	个人保安线应使用有透明护套的多股软铜线,截面积不应小于16mm²,且应带有绝缘手柄或绝缘部件	选用个人保安线前,作业人员手指保安线,口诵确认:"不小于16平方毫米,确认!"

续表

《中国南方电网有限责任公司电力安全工作规程》		手指口诵
条例号	条例文字	
9.4.3.3	操作票填写应实行"三对照"：对照操作任务、运行方式和安全措施要求，对照系统、设备和"五防"装置的模拟图，对照设备名称和编号	手指对照对象，逐一口诵确认："×××，确认！"
9.4.5.3	操作后应"三检查"：检查操作质量、检查运行方式、检查设备状况	手指检查对象，逐一口诵确认："×××，确认！"
9.5.2.3	设备送电操作前，调度操作人应再次核实作业现场工作任务已结束，作业人员已全部撤离，现场所有临时措施已拆除，设备具备送电条件后方可操作	设备送电操作前，调度操作人手指报告记录，口诵确认："作业现场工作任务为×××，已结束，作业人员×××已全部撤离，现场所有临时措施有×××，已拆除，设备具备送电条件，可操作，确认！"
9.5.3.2	电气设备变位操作后，应对位置变化进行核对并确认。无法观察实际位置时，可通过间接方式确认该设备已操作到位	手指变化位置确认该设备已操作到位并口诵："×× 确在 ×× 位置，确认！"
9.5.3.11	将高压开关柜的手车开关拉至"检修"位置后，应确认隔离挡板已封闭	将高压开关柜的手车开关拉至"检修"位置后，作业人员手指开关隔离挡板，口诵确认："隔离挡板已封闭，确认！"
10.2.3	在室内，设备充装 SF_6 气体时，周围环境相对湿度应 ≤ 80%，同时应开启通风系统，并避免 SF_6 气体泄漏到工作区。工作区空气中 SF_6 气体含量不得超过 $1000\mu L/L$	在室内，设备充装 SF_6 气体时，作业人员手指环境检测仪器和 SF_6 检测仪数据，口诵确认："相对湿度为 ×××，符合要求。SF_6 气体含量为 ×××，符合要求，确认！"
10.2.6	SF_6 电气设备室及其电缆层（隧道）的排风机电源开关应设置在门外。工作人员进入 SF_6 电气设备室及其电缆层（隧道）前，应先通风 15min，并用检漏仪检测 SF_6 气体含量合格。尽量避免一人进入 SF_6 电气设备室及其电缆层（隧道）进行巡视，不应一人进入从事检修工作	作业人员手指 SF_6 检测仪数据，口诵确认："SF_6 气体含量为 ×××，符合要求，确认！"
10.2.8	在 SF_6 电气设备室低位区应安装能报警的氧量仪和 SF_6 气体泄漏警报仪。这些仪器应定期试验，保证完好。进入 SF_6 电气设备低位区或电缆沟工作，应先检测含氧量（不低于 18%）和 SF_6 气体含量	手指氧量仪和 SF_6 气体泄漏警报仪数据，口诵确认："检测含氧量为 ×××，SF_6 气体含量为 ×××，符合标准，确认！"

续表

《中国南方电网有限责任公司电力安全工作规程》		手指口诵
条例号	条例文字	
10.2.9	设备解体检修前,应对 SF₆ 气体进行检验。根据有毒气体的含量,采取安全防护措施。检修人员需着防护服并根据需要配戴防毒面具。打开设备封盖后,现场所有人员应暂离现场 30min。取出吸附剂和清除粉尘时,检修人员应戴防毒面具和防护手套	打开设备封盖,现场所有人员应暂离现场达到 30min 后,手指时间确认:"已到 30 分钟,确认!"
10.6.1	作业前,应检查双电源和有自备电源的客户已采取机械或电气联锁等防反送的强制性技术措施,确保有明显的断开点	作业前,作业人员手指断开点,口诵确认:"×× 已断开,确认!"
10.6.2	停电操作前,设备运维管理单位应提前通知双电源和有自备电源的用电客户断开并网点的线路断路器、隔离开关,并监督用户实施,确认设备状态后做好记录	用户实施后,作业人员手指设备,口诵确认:"设备状态为 ×××,确认!",并做好记录
11.1.4	带电作业应在良好天气下进行。如遇雷电、雪、雹、雨、雾等,不应进行带电作业。风力大于 5 级,或湿度大于 80% 时,不宜进行带电作业	作业前,作业人员手指风速检测仪、湿度检测仪,口诵确认:"风力为 ××,湿度为 ×××,符合带电作业要求,确认!",反之不符合
11.2.1	进行地电位带电作业时,人身与带电体间的安全距离不得小于表 2 的规定。35kV 及以下的带电设备,不能满足表 2 的规定时,应采取可靠的绝缘隔离措施	进行地电位带电作业时,作业人员手指距离边界,口诵确认:"安全距离为 ×××,确认!"
11.2.2	绝缘操作杆、绝缘承力工具和绝缘绳索(相地带电作业时)的有效绝缘长度不得小于表 3 的规定	检查核实有效绝缘长度后,口诵确认:"有效绝缘长度为 ×××,确认!"
11.2.3	带电作业应使用绝缘绳索传递工具和材料等。绝缘绳索使用时,其安全系数应符合表 4 的要求	作业前检测参数,合格后手指仪表参数口诵确认:"×××,符合带电作业要求,确认!"
11.2.4	带电更换绝缘子或在绝缘子串上带电作业前,应检测绝缘子,良好绝缘子片数不得少于表 5 的规定	检测完毕后作业人员手指绝缘子,口诵确认:"良好绝缘子片数为 ×××,符合带电作业要求,确认!"

续表

《中国南方电网有限责任公司电力安全工作规程》		手指口诵
条例号	条例文字	
11.2.8	高压配电线路带电作业时,作业区域带电导线、绝缘子等应采取相间、相对地的绝缘遮蔽及隔离措施。绝缘遮蔽、隔离措施的范围应比作业人员活动范围增加 0.4m 以上,绝缘遮蔽用具之间的接合处应重合 15cm 以上	检测距离符合要求后,手指绝缘遮蔽用具之间的接合处口诵确认:"15 厘米以上,确认!"
11.2.12	高压配电线路带电、停电配合作业的项目,当带电、停电作业工序转换时,双方工作负责人应进行安全技术交接,确认无误后,方可开始工作	双方逐一口诵交接事项,无误后双方口诵确认:"×××,确认!"
11.3.3	等电位作业人员对接地体距离应不小于表 2 的规定,对邻相导线的距离应不小于表 6 的规定	测量核实后,作业人员手指距离边界点,口诵确认:"人员对接地体距离为×××,对邻相导线的距离为×××,符合带电作业要求,确认!"
11.3.4	等电位作业人员在绝缘梯上作业或者沿绝缘梯进入强电场时,其与接地体和带电体两部分间所组成的组合间隙不应小于表 7 的规定	测量核实后,作业人员手指距离边界点,口诵确认:"距离×××,符合要求,确认!"
11.3.5	等电位作业人员沿绝缘子串进入强电场的作业,一般在 220kV 及以上电压等级的绝缘子串上进行。扣除人体短接的和零值的绝缘子片后,良好绝缘子片数不应小于表 5 的规定。其组合间隙不应小于表 7 的规定。若不满足表 7 的规定,应加装保护间隙	检测核实无误后,作业人员手指对象,口诵确认:"良好绝缘子片数为×××,组合间隙为×××,满足要求,确认!"
11.3.6	等电位工作人员在电位转移前,应得到工作负责人的许可。电位转移时,人体裸露部分与带电体的距离不应小于表 8 的规定	等电位工作人员在电位转移前,作业人员目测或其他方法核实距离后,手指距离边界点,口诵确认:"距离为×××,满足要求,确认!"
11.3.7	等电位作业人员与地位作业人员传递工具和材料时,应使用绝缘工具或绝缘绳索进行,其有效长度不应小于表 3 的规定	测量核实后,手指绝缘工具或绝缘绳索,口诵确认:"有效长度为×××,满足要求,确认!"

《中国南方电网有限责任公司电力安全工作规程》		手指口诵
条例号	条例文字	
11.4.1	a) 带电断、接空载线路时，应确认需断、接线路的另一端断路器和隔离开关确已断开，接入线路侧的变压器、电压互感器确已退出运行后，方可进行。禁止带负荷断、接引线	手指票面或对象，口诵确认："××已断开，××已退出，确认！"
	b) 带电断、接空载线路时，作业人员应戴护目镜，并应采取消弧措施。消弧工具的断流能力应与被断、接的空载线路电压等级及电容电流相适应。如使用消弧绳，则其断、接的空载线路的长度不应大于表9的规定，且作业人员与断开点应保持4m以上的距离	作业人员目测或其他方法核实距离后，手指距离边界点，口诵确认："距离4米以上，确认！"
11.4.6	高压配电线路带电作业装、拆旁路引流线时，应在检查确认旁路引流线与原引流线通流正常后，方可拆除短接设备或旁路引流线	作业人员手指对象，口诵确认："旁路引流线与原引流线通流正常，情况正常，确认！"
11.5.4	高压配电线路带电短接故障线路、设备前，应确认故障已隔离	高压配电线路带电短接故障线路、设备前，作业人员手指对象，口诵确认："故障已隔离，确认！"
11.6.1	带电水冲洗一般应在良好天气进行。风力大于4级，气温低于0℃，雨天、雪天、沙尘暴、雾天及雷电天气时不宜进行	带电水冲洗前，作业人员手指检测仪器数据，口诵确认："风力为×××，气温为×××，符合要求，确认！"
11.6.3	带电水冲洗用水的电阻率不应低于$1×10^5$ Ω·cm。每次冲洗前，都应使用合格的水阻表从水枪出口处取得水样测量其水电阻率	使用合格的水阻表从水枪出口处取得水样，测量其水电阻率后，口诵确认："电阻率××，满足要求，确认！"
11.6.4	以水柱为主绝缘的水枪喷嘴与带电体之间的水柱长度不应小于表11的规定，且应呈直柱状态	作业人员目测或其他方法核实距离后，作业人员手指喷嘴，口诵确认："与带电体之间的水柱长度为×××，确认！"
11.7.1	进行带电清扫工作时，人身与带电体间的安全距离不应小于表2的规定	进行带电清扫工作前，核实距离后，作业人员手指距离边界点，口诵确认："安全距离为×××，确认！"
11.7.2	在使用带电清扫机械进行清扫前，应确认清扫机械的电机及控制、软轴及传动等部分工况完好，绝缘部件无变形、脏污和损伤，毛刷转向正确，清扫机械可靠接地	在使用带电清扫机械进行清扫前，作业人员手指机械接地点，口诵确认："清扫机械已可靠接地，确认！"

续表

《中国南方电网有限责任公司电力安全工作规程》		手指口诵
条例号	条例文字	
11.8.1	绝缘斗臂车的工作位置应选择适当，支撑应稳固可靠，并有防倾覆措施。使用前应在预定位置空斗试操作一次，确认液压传动、回转、升降、伸缩系统工作正常、操作灵活，制动装置可靠	使用前，作业人员手指斗臂车检查部位，逐一口诵确认："检查设备正常，确认！"
11.8.3	绝缘臂的有效绝缘长度应大于表12的规定，并应在其下端装设泄漏电流监视装置	核实长度后，作业人员手指绝缘臂，口诵确认："有效绝缘长度为×××，确认！"
11.8.4	绝缘臂下节的金属部分，在仰起回转过程中，对带电体的距离应按表2的规定值增加0.5m。工作中车体应良好接地	工作中经常检查接地，并口诵确认："接地良好，确认！"
11.9.1	保护间隙的接地线应用多股软铜线。其截面应满足接地短路容量的要求，但最小不应小于25mm²	检查核实截面面积后，手指软铜线口诵确认："截面面积25平方毫米，确认！"
11.9.2	保护间隙的距离应按表13的规定进行整定	保护间隙整定完毕后，作业人员手指保护间隙，口诵确认："距离为×××，确认！"
11.11.1	采用旁路作业方式进行电缆线路不停电作业前，应确认两侧备用间隔断路器及旁路断路器均在断开状态	采用旁路作业方式进行电缆线路不停电作业前，作业人员手指票面或对象，口诵确认："两侧备用间隔断路器及旁路断路器均在断开状态，确认！"
11.11.3	旁路电缆终端与环网柜连接前应进行外观检查，绝缘部件表面应清洁、干燥、无绝缘缺陷，并确认环网柜柜体可靠接地；若选用螺栓式旁路电缆终端，应确认接入间隔的断路器已断开并接地	作业人员手指接地点，口诵确认："××已接地，确认！"
11.11.4	电缆旁路作业，旁路电缆屏蔽层应在两终端处引出并可靠接地，接地线的截面积不宜小于25mm²	电缆旁路作业前，作业人员手指接地点，口诵确认："××已可靠接地，接地线的截面积为×××，确认！"
11.12.1	作业前，应检查作业点两侧电杆、导线、绝缘子、金具及其他带电设备是否牢固，必要时应采取加固措施	作业前，作业人员手指设备，逐一口诵确认："××设备牢固、完好，确认！"
12.2.3	绝缘架空地线（包括OPGW、ADSS光缆）应视为带电体。在绝缘架空地线附近作业时，工作人员与绝缘架空地线之间的距离应不小于0.4m。若需在绝缘架空地线上作业，应用接地线或个人保安线将其可靠接地或采用等电位方式进行	绝缘架空地线（包括OPGW、ADSS光缆）应视为带电体。在绝缘架空地线附近作业前，作业人员手指距离边界点，口诵确认："距离为×××，不小于0.4米，确认！"

《中国南方电网有限责任公司电力安全工作规程》		手指口诵
条例号	条例文字	
12.3.1	带电杆塔上进行测量、防腐、巡视检查、校紧螺栓、清除异物等工作，工作人员活动范围及其所携带的工具、材料等，与带电导线最小距离不得小于表1规定的作业安全距离	带电杆塔上进行测量、防腐、巡视检查、校紧螺栓、清除异物等工作前，作业人员核实距离后，手指距离界点，口诵确认："距离为×××，满足要求，确认！"
12.3.4	在10kV及以下的带电杆塔上进行工作，工作人员距最下层高压带电导线垂直距离不得小于0.7m	作业人员核实距离后，手指距离边界点，口诵确认："距离大于0.7米，满足要求，确认！"
12.4.1	工作人员和工器具与邻近或交叉的带电线路的距离不得小于表16的规定	作业人员核实距离后，手指距离界点，口诵确认："距离大于××，满足要求，确认！"
12.4.4	在邻近带电的电力线路进行工作时，如有可能接近带电导线至表16规定的安全距离以内，且无法停电时，应采取以下措施： a) 采取有效措施，使人体、导（地）线、工器具等与带电导线的安全距离符合表16的规定，牵引绳索和拉绳与带电体的安全距离符合表19的规定	作业人员核实距离后，手指距离边界点，口诵确认："距离大于××，满足要求，确认！"
	在邻近带电的电力线路进行工作时，如有可能接近带电导线至表16规定的安全距离以内，且无法停电时，应采取以下措施： c) 在交叉档内松紧、降低或架设导（地）线的工作，只有停电检修线路在带电线路下方时方可进行，并应采取措施防止导（地）线产生跳动或过牵引而与带电导线的距离小于表16规定的安全距离	作业人员核实距离后，手指距离边界点，口诵确认："距离××，满足要求，确认！"
	在邻近带电的电力线路进行工作时，如有可能接近带电导线至表16规定的安全距离以内，且无法停电时，应采取以下措施： d) 1）检修线路的导（地）线牵引绳索等与带电线路导线的安全距离应符合表16的规定	作业人员核实距离后，手指距离边界点，口诵确认："距离××，满足要求，确认！"

续表

《中国南方电网有限责任公司电力安全工作规程》		手指口诵
条例号	条例文字	
12.5.1	同杆塔多回线路中部分线路或直流线路中单极线路停电检修,安全距离应符合表 1 规定的作业安全距离。同杆塔架设的 10kV 及以下线路带电时,当符合表 16 规定的安全距离且采取安全措施的情况下,只能进行下层线路的登杆塔检修工作	作业人员核实距离后,手指距离边界点,口诵确认:"距离××,满足要求,确认!"
12.5.4	e)登杆塔至横担处时,应再次核对识别标记与线路名称及位置,确认无误后方可进入检修线路侧横担	登杆塔至横担处时,作业人员手指标记或铭牌、位置,口诵确认:"相别正确,线路名称××,位置××,可进入检修线路侧横担,确认!"
12.5.7	向杆塔上吊起或向下放落工具、材料等物体时,应使用绝缘无极绳圈传递,物件与带电导线的安全距离应不小于表 16 的规定	作业人员核实距离后,手指距离边界点,口诵确认:"距离××,满足要求,确认!"
13.4.2	二次回路通电或耐压试验前,应通知运行人员和有关人员,并派人到现场看守,检查二次回路及一次设备上确无人工作后,方可加压	二次回路通电或耐压试验前,检查核实确无人工作后,作业人员手指设备周围,口诵确认:"无人工作,可加压,确认!"
13.4.3	试验工作结束后,应检查装置内无异物,屏面信号及各种装置状态正常,各相关压板及切换开关位置恢复至工作许可时的状态	试验工作结束后,作业人员逐一检查设备并手指,逐一口诵确认:"检查无异常,设备状态正常,确认!"
14.1.2	需锚固杆塔维修线路时,应保持锚固拉线与带电导线的安全距离符合表 16 的规定	作业人员核实距离后,手指距离边界点,口诵确认:"距离××,满足要求,确认!"
14.2.1	挖坑前,应确认地下设施的确切位置,采取防护措施	挖坑前,作业人员检查核实地下设施确切位置,手指位置口诵确认:"地下有设施,采取防护措施,确认!"
14.2.6	进行石坑、冻土坑打眼或打桩时,应检查锤把、锤头及钢钎(钢桩)。扶钎人应站在打锤人侧面。打锤人不应戴手套。钎头有开花现象时,应及时修理或更换	进行石坑、冻土坑打眼或打桩前,作业人员手指锤把、锤头及钢钎,以及扶钎人,口诵确认:"检查工具完好,站位正确,确认!"
14.3.2	攀登杆塔前,应检查杆根、基础和拉线是否牢固。遇有冲刷、起土、上拔或导(地)线、拉线松动的杆塔,应先培土加固,打好临时拉线或支好架杆后,再行攀登	作业人员在进行攀登杆塔前,应逐一检查杆根、基础和拉线状态良好,手指着杆根、基础和拉线,口诵确认:"检查正常,确认!"

《中国南方电网有限责任公司电力安全工作规程》		手指口诵
条例号	条例文字	
14.3.4	登杆塔前,应检查登高工具、设施,如脚扣、升降板、安全带、梯子等是否完整牢靠。不应利用绳索、拉线上下杆塔或顺杆下滑	作业人员在进行登杆塔前,逐一检查脚扣、升降板、安全带、梯子等,并手指脚扣、升降板、安全带、梯子口诵确认:"检查完好,确认!"
14.3.6	攀登杆塔及塔上移位过程中,应检查脚钉、爬梯、防坠装置、塔材是否牢固	作业人员在攀登杆塔及塔上移位过程前,逐一检查脚钉、爬梯、防坠装置、塔材状态,并手指脚钉、爬梯、防坠装置、塔材,口诵确认:"检查完好,确认!"
14.3.7	上横担进行工作前,应检查横担联结是否牢固和腐蚀情况,检查时安全带应系在主杆或牢固的构件上	作业人员在上横担进行工作前,检查横担联结,手指着横担位置,口诵确认:"检查完好,确认!"
14.3.9	在杆塔上作业时,应使用有后备保护绳的双背带式或全身式安全带,当后备保护绳超过 2m 时,应使用缓冲器。安全带和保护绳应分挂在杆塔不同部位的牢固构件上。后备保护绳不应对接使用	后备保护绳超过 2m 时,使用缓冲器并手指缓冲器口诵确认:"缓冲器正常,确认!"
14.4.1	立、撤杆应设专人统一指挥。开工前,应交代施工方法、指挥信号和安全组织、技术措施,工作人员应明确分工、密切配合、服从指挥	作业人员在立、撤杆前,工作负责人逐一交代施工方法、指挥信号和安全组织、技术措施,并手指交代载体口诵确认:"×××,确认!"
14.4.3	立、撤杆塔过程中,基坑内不应有人工作。除指挥人及指定人员外,其他人员应在远离杆下 1.2 倍杆高的距离以外	立、撤杆塔过程中,基坑内不应有人工作。除指挥人及指定人员外,其他人员应在远离杆下 1.2 倍杆高的距离以外,作业人员核实距离后,手指距离边界点口诵确认:"安全距离××,确认!"
14.4.6	利用已有杆塔立、撤杆,应检查杆塔根部及拉线和杆塔的强度,必要时应增设临时拉线或采取其他补强措施	作业人员检查杆塔根部及拉线和杆塔的强度后,手指杆塔根部及拉线和杆塔口诵确认:"检查强度正常或不正常,需补强或不需补强,确认!"
14.4.7	使用吊车立、撤杆时,钢丝绳套应挂在电杆的适当位置以防止电杆突然倾倒。吊重和吊车位置应选择适当,吊钩应有可靠的防脱落装置,并应有防止吊车下沉、倾斜的措施。起、落时应注意周围环境。撤杆时,应检查无卡盘或障碍物后再试拔	试拔前,检查无卡盘或障碍物,并手指杆周围口诵确认:"无异常,确认!"

续表

《中国南方电网有限责任公司电力安全工作规程》		手指口诵
条例号	条例文字	
14.4.10	整体立、撤杆塔前应进行全面检查,确保各受力、连接部位全部合格方可起吊。立、撤杆塔过程中,吊件垂直下方、受力钢丝绳的内角侧禁止有人。杆塔起立离地后,应对杆塔进行冲击试验,对各受力点处作一次全面检查,确无问题,再继续起立;杆塔起立 60° 后应减缓速度,注意各侧拉绳	作业人员检查后手指检查对象,口诵确认:"检查无异常,确认!"
14.4.14	在带电设备附近进行立撤杆时,杆塔、拉线、临时拉线与带电设备的安全距离应符合表 16 的规定,且有防止立、撤杆过程中拉线跳动和杆塔倾斜接近带电导线的措施	作业人员核实距离后手指距离边界点口诵确认:"距离为××,符合要求,确认!"
14.4.16	在撤杆工作中,拆除杆上导线前,应先检查杆根、杆身,做好防止倒杆、断杆措施,在挖坑前应先绑好拉绳	在撤杆工作中,拆除杆上导线前,应先检查杆根、杆身,手指杆根、杆身口诵确认:"检查正常,确认!"
14.5.3	放线、紧线前,应检查导线有无障碍物挂住,导线与牵引绳的连接应可靠,线盘架应稳固可靠、转动灵活、制动可靠	作业人员检查后手指检查对象确认:"检查无异常,确认!"
14.5.4	放线、紧线时,应检查接线管或接线头以及过滑轮、横担、树枝、房屋等处有无卡压现象。如遇导(地)线有卡、压现象,应松线后处理。处理时操作人员应站在卡线处外侧,采用工具、大绳等撬、拉导线。不应用手直接拉、推导线	放线、紧线时,应检查接线管或接线头以及过滑轮、横担、树枝、房屋等处有无卡压现象,并手指接线管或接线头以及过滑轮、横担、树枝、房屋等口诵确认:"检查无异常,确认!"
14.5.6	紧线、撤线前,应检查拉线、桩锚及杆塔。必要时,应加固桩锚或加设临时拉绳。拆除杆上导线前,应先检查杆根,做好防止倒杆措施,在挖坑前应先绑好拉绳	紧线、撤线前,应检查拉线、桩锚及杆塔,手指拉线、桩锚及杆塔口诵确认:"检查无异常,确认!"拆除杆上导线前,应先检查杆根,手指杆根口诵确认:"检查无异常,确认!"
14.5.11.5	跨越架应经验收合格,每次使用前检查合格后方可使用。强风、暴雨过后应对跨越架进行检查,确认合格后方可使用	作业人员在强风、暴雨过后、每次跨越架使用前,手指着跨越架位置,口诵确认:"检查合格可以使用,确认!"

《中国南方电网有限责任公司电力安全工作规程》		手指口诵
条例号	条例文字	
14.5.12	采用以旧线带新线的方式施工，应检查确认旧导线完好牢固；若放线通道中有带电线路和带电设备，应与之保持安全距离，无法保证安全距离时应采取搭设跨越架等措施或停电。牵引过程中应安排专人跟踪新旧导线连接点，发现问题立即通知停止牵引	作业人员检查核实后手指检查对象，口诵确认："检查正常，确认！"
14.5.15	放线作业前应检查导线与牵引绳连接可靠牢固	作业人员在放线作业前，手指着导线与牵引绳位置，口诵确认："检查正常，确认！"
14.7.1	砍剪线路通道树木时对带电体的距离不符合表 16 规定的，应采取停电或采用绝缘隔离等防护措施进行处理	作业人员在砍剪线路通道树木前，手指着通道树木位置，口诵确认："树木对带电体的安全距离符合 / 不符合要求，确认！"
14.7.2	在线路带电情况下，砍剪靠近线路的树木时，工作负责人必须在工作开始前，向全体人员说明：电力线路有电，人员、树木、绳索应与导线保持表 16 规定的安全距离	在线路带电情况下，砍剪靠近线路的树木时，工作负责人在工作开始前，测量核实距离后，手指距离边界，口诵确认："安全距离符合 / 不符合要求，确认！"
14.7.4	风力超过 5 级时，不应砍剪高出或接近导线的树木	作业人员在砍伐树木前，手指着风力测试仪器数据，口诵确认："风力×级，确认！"
14.7.7	上树前应检查树根牢固情况；上树时不应攀抓脆弱和枯死的树枝，不应攀登已经锯过或砍过的未断树木	作业人员在上树前，手指着树根位置，口诵确认："无异常，确认！"
15.1.4	进入电缆井、电缆隧道前，先用吹风机排除浊气，再用气体检测仪检查井内或隧道内的易燃易爆及有毒气体含量	作业人员在进入电缆井、电缆隧道前，手指着气体检测仪数据，口诵确认："数据正常，确认！"
16.1.4	金属材料的配电箱、电表箱应可靠接地，且接地电阻应满足要求。工作人员在接触运用中的配电箱、电表箱前，应检查接地装置是否良好，并用验电笔确认箱体确无电压后，方可接触。带电接电时作业人员应戴低压绝缘手套或帆布手套	检查接地情况后手指接地处，口诵确认："接地完好，确认！"
16.2.4	在配电设备区进行清洁、维护等不触及运行设备的工作时，应有人监护，保持作业人员与带电部分的距离应符合表 1 规定的作业安全距离，并采取防止误碰带电设备的可靠措施	测量核实距离后手指距离边界点口诵："安全距离××，确认！"

续表

《中国南方电网有限责任公司电力安全工作规程》		手指口诵
条例号	条例文字	手指口诵
16.3.1	杆塔上带电核相时，作业人员与带电部位的距离应符合表 1 规定的作业安全距离，核相工作应逐相进行	测量核实距离后手指距离边界点口诵："安全距离××，确认！"
16.3.3	柱上变压器台架工作前，应检查确认台架与杆塔连接牢固、接地体完好，人体、工具、材料与邻近带电部位的距离应符合表 1 规定的作业安全距离	测量核实距离后手指距离边界点口诵："安全距离××，确认！"
16.5.2.5	在高低压线路同杆塔架设的低压带电线路上工作时，应先检查与高压线的距离，采取防止误碰带电高压设备的措施。在下层低压带电导线未采取绝缘隔离措施或未停电接地时，作业人员不应穿越	测量核实距离后手指距离边界点口诵："安全距离××，确认！"
17.2.3	高压试验工作不应少于两人。试验负责人应由有经验的人员担任。开始试验前，试验负责人应向全体试验人员详细交代带电部位和安全注意事项	开始试验前，试验负责人应向全体试验人员详细交代带电部位和安全注意事项，手指交代的事项，双方口诵确认："×××……，确认！"
17.2.4	试验需要断开设备接头时，断开前应做好标记，接回后应检查	接回后，手指着设备接头位置，口诵确认："连接正常，确认！"
17.2.7	加压前应认真检查试验接线，使用规范的短路线，表计倍率、量程、调压器零位及仪表的开始状态均应正确无误，经确认后，试验人员通知所有人员离开被试设备，并取得试验负责人许可后，方可加压	作业人员在加压前，手指着设备、连接线，口诵确认："检查正常，确认！"
17.2.11	试验结束时，试验人员应拆除自装的接地线和短路线，并对被试设备进行检查，恢复试验前的状态，经试验负责人复查后，进行现场清理	试验结束时，试验人员在拆除自装的接地线和短路线后，手指着被试设备检查部位，口诵确认："接地线已拆除，确认！"
18.1.3	电气测量时，人体与高压带电部位的距离不得小于表 1 规定的作业安全距离	测量核实距离后手指距离边界点口诵："安全距离××，确认！"
18.2.5	连接电流回路的导线截面，应适合所测电流数值。连接电压回路的导线截面不应小于 1.5mm^2	作业人员在取用连接电流回路的导线前，核实参数后手指着导线，口诵确认："导线截面大于 1.5 平方毫米，确认！"

《中国南方电网有限责任公司电力安全工作规程》		手指口诵
条例号	条例文字	
18.2.6	所有测量用装置必要时应设遮栏或围栏，并悬挂"止步，高压危险！"标示牌。仪器的布置应使工作人员距带电部位不得小于表 1 规定的安全距离	测量核实距离后手指距离边界点口诵："安全距离××，确认！"
18.3.3	在测量高压电缆各相电流时，电缆头线间距离应在 300mm 以上，且绝缘良好、测量方便的，方可进行。当有一相接地时，不应测量	测量核实距离后手指距离边界点口诵："安全距离××，确认！"
18.7.3	在测量工作结束后，应确认所有接地线已拆除，无遗留物	作业人员在测量工作结束后，手指着接地线位置，口诵确认："接地线已拆除，无遗留物，确认！"
19.3	机组在检修期间进行盘车或操作导水叶时，检修工作负责人应先检查蜗壳、导水叶、水轮和水车室、发电机空气间隙等处无妨碍转动的物体遗留。与检修工作无关人员应全部撤离。同时应做好在转动期间防止有人进入的措施和警示标识	检查核实后，口诵确认："检查正常，确认！"
19.7	在封闭压力钢管、蜗壳、尾水管入孔前，检修工作负责人应先检查里面确无人员和物件遗留在内。在封闭蜗壳入孔时还需再进行一次检查后，立即封闭	检查核实后，在封闭前，手指入孔，口诵确认："检查确无人员和物件遗留，确认！"
20.2.2	安全带应采用高挂低用的方式，不应系挂在移动、锋利或不牢固的物件上。攀登杆塔和转移位置时不应失去安全带的保护。作业过程中，应随时检查安全带是否挂牢	作业人员在打好安全带后，口诵确认："安全带已打好，确认！"
21.1	未经许可，不应进入电缆沟、疏水沟、下水道、井下等密闭空间处工作。在工作开始以前，工作地点两端应开启通风口，并检查工作地点通风是否良好、是否存在可燃气体或有毒气体，不应用明火检查	未经许可，不应进入电缆沟、疏水沟、下水道、井下等密闭空间处工作。作业人员在密闭空间处工作前，手指着工作地点位置，口诵确认："通风良好、不存在可燃气体或有毒气体，确认！"
21.3	沟道或井下等密闭空间的温度超过 50℃时，不应进行作业，温度在 40℃~50℃时，应根据身体条件轮流工作和休息。若有必要在 50℃以上进行短时间作业时，应制定具体的安全措施并经分管生产的负责人批准	作业人员在密闭空间作业前，手指着温度数据，口诵确认："超过 50 摄氏度时，不进行作业，确认！"

续表

《中国南方电网有限责任公司电力安全工作规程》		手指口诵
条例号	条例文字	
21.6	充氮变压器、电抗器未经充分排氮（其气体含氧密度未达到 18% 及以上时），严禁施工作业人员入内。充氮变压器注油时，任何人严禁在排气孔处停留	作业人员在密闭空间作业前，手指着测氧仪器数据，口诵确认："气体含氧密度未达到 18% 及以上，严禁施工作业人员入内，确认！"
21.7	在密闭容器内使用氩、二氧化碳或氦气进行焊接作业时，必须在作业过程中通风换气，使氧气浓度保持在 19.5%~21%，作业人员使用正压式呼吸器	作业人员在密闭容器内使用氩、二氧化碳或氦气进行焊接作业时，随时观察并手指测氧仪器数据，口诵确认："氧气浓度 19.5%~21%，作业人员使用正压式呼吸器，确认！"
22.1.2	在闸门漏水较大处工作时，应在离漏水处 2m~5m 处下水，下水前应先用物体试验吸力大小，防止潜水员被吸	作业人员在闸门漏水较大处工作前，核实距离并手指距离界点，口诵确认："下水距离××，经试验吸力无异常，确认！"
23.1.2	在风力超过 5 级及下雨雪天气时，不可露天进行焊接或切割工作。如必须进行时，应采取防风、防雨雪的措施	作业人员在焊接及切割作业前，手指风力测试数据，口诵确认："风力 × 级，天气正常，确认！"
23.1.3	进行焊接与切割作业前，使用的机具、气瓶等应合格完整，作业人员应穿戴专用劳动防护用品；作业点周围 5m 内的易燃易爆物应清除干净，动火点采取必要的防火隔离措施，备有足够的灭火器材，现场的通排风应良好	作业人员在进行焊接与切割作业前，手指着 5m 边界线，口诵确认："无易燃易爆物，确认！"
23.2.7	电焊工作结束后必须切断电源，检查工作场所及其周围，确认无起火危险后方可离开	电焊工作结束后必须切断电源，检查工作场所及其周围，手指周围，口诵确认："无起火危险，确认！"
23.3.2	使用中的氧气瓶和乙炔气瓶应垂直固定放置，氧气瓶和乙炔气瓶的距离不得小于 8m；气瓶的放置地点不得靠近热源，应距明火 10m 以外	作业人员在使用中的氧气瓶和乙炔气瓶前，核实距离后，手指着气瓶位置，口诵确认："安全距离 × 米，无热源，确认！"
23.3.6	气瓶内的气体不应用尽，氧气瓶应留有不小于 0.2MPa 的剩余压力，乙炔气瓶应留有不低于表 18 规定的剩余压力	作业人员手指着气瓶表计，口诵确认："压力不小于 0.2 兆帕，确认！"

《中国南方电网有限责任公司电力安全工作规程》		手指口诵
条例号	条例文字	
24.3.7.1	动火工作许可人，应在动火作业现场确认并完成以下许可手续后方可动火作业： a) 工作许可人、工作负责人到现场检查确认双方应采取的安全措施已做完并签字	动火工作许可人，应在动火作业现场确认并完成以下许可手续后方可动火作业。工作许可人、工作负责人手指着动火作业安全措施位置，双方口诵确认："安全措施××已实施，确认！"
	动火工作许可人，应在动火作业现场确认并完成以下许可手续后方可动火作业： b) 确认配备的消防设施和采取的消防措施已符合要求。可燃性、易爆气体含量或粉尘浓度测定合格	动火工作许可人，应在动火作业现场确认并完成以下许可手续后方可动火作业。动火工作许可人手指着动火作业现场设施和措施，双方口诵确认："设施已齐备，措施已完成，确认！"
	动火工作许可人，应在动火作业现场确认并完成以下许可手续后方可动火作业： c) 一级动火在首次动火时，各级审批人和动火工作票签发人均应到达现场检查防火安全措施正确完备，测定可燃气体、易燃液体的可燃蒸气含量或粉尘浓度应符合要求，并在动火监护人监护下做明火试验，确无问题	动火工作许可人，应在动火作业现场确认并完成以下许可手续后方可动火作业。各级审批人和动火工作票签发人在一级动火在首次动火前，手指着动火作业现场位置，口诵确认："测定可燃气体、易燃液体的可燃蒸气含量或粉尘浓度符合要求，确无问题，确认！"
24.3.9.1	动火执行人、动火工作监护人同时离开作业现场，间断时间超过30min，继续动火前，动火执行人、动火工作监护人应重新确认安全条件	动火执行人、动火工作监护人同时离开作业现场，间断时间超过30min，继续动火前，动火执行人、动火工作监护人应重新确认安全条件。检查后手指安措口诵确认："检查无异常，确认！"
24.3.9.2	一、二级动火工作在次日动火前应重新检查防火安全措施，并测定可燃气体、易燃液体的可燃蒸气含量，合格方可重新动火	动火执行人在一、二级动火工作在次日动火前，并测定可燃气体、易燃液体的可燃蒸气含量，手指仪器数据，口诵确认："数据合格，重新动火，确认！"
24.3.9.3	一级动火作业过程中，应每隔2h~4h测定一次现场可燃气体、易燃液体的可燃蒸气含量是否合格，当发现不合格或异常升高时应立即停止动火，在未查明原因或未排除险情前不得重新动火	测定可燃气体、易燃液体的可燃蒸汽含量，手指仪器数据，口诵确认："数据合格，可重新动火！"
24.3.9.4	一级动火作业，间断时间超过2h，继续动火前，应重新测定可燃气体、易燃液体的可燃蒸气含量，合格后方可重新动火	测定可燃气体、易燃液体的可燃蒸气含量，手指仪器数据，口诵确认："数据合格，可重新动火！"

续表

《中国南方电网有限责任公司电力安全工作规程》		手指口诵
条例号	条例文字	
24.3.10.1	动火作业完毕后,动火执行人、动火工作监护人、动火工作负责人和工作许可人,应检查现场有无残留火种、是否清洁等。确认无问题后,动火工作方告终结	动火执行人、动火工作监护人、动火工作负责人和工作许可人在动火作业完毕后,手指着动火作业现场位置,口诵确认:"现场检查无问题,动火工作终结,确认!"
24.3.10.2	动火作业间断或终结后,应清理现场,确认无残留火种后,方可离开	动火执行人在动火作业间断或终结后,手指着动火作业现场位置,口诵确认:"现场检查无残留火种,确认!"
25.1.1	起重工作应由有相应经验的人员负责,并应明确分工,统一指挥、统一信号,做好安全措施。工作前,工作负责人应对起重作业工具进行全面检查	起重工作应由有相应经验的人员负责,并应明确分工,统一指挥、统一信号,做好安全措施。工作负责人员在起重工作前,注意检查并手指着起重作业工具,口诵确认:"检查完好,确认!"
25.1.2	遇有雷雨天、大雾、照明不足、指挥人员看不清工作地点或起重机操作人员未获得有效指挥时,不应进行起重工作。遇有6级以上的大风时,禁止露天进行起重工作。当风力达到5级以上时,不宜起吊受风面积较大的物体	工作负责人手指风力测试仪器数据,口诵确认:"风力×级,确认!"
25.1.3	b) 工作负责人应专门对起重机械操作人员进行电力相关安全知识培训和交代作业安全注意事项	工作负责人在厂站带电区域或邻近带电体的起重作业前,手指交代事项,双方口诵确认:"××,确认!"
	d) 起重机械应安装接地装置,接地线应用多股软铜线,截面不应小于16mm²,并满足接地短路容量的要求	作业人员在厂站带电区域或临邻带电体的起重作业前,手指着起重机接地位置,核实截面积后口诵确认:"截面大于16平方毫米,确认!"
25.1.9	c) 吊件吊起10cm时应暂停,检查悬吊、捆绑情况和制动装置,确认完好后方可继续起吊	吊件吊起10cm时应暂停,检查悬吊、捆绑情况和制动装置,确认完好后手指检查对象口诵确认:"检查××正常,继续起吊,确认!"
25.2.2	移动式起重机停放,其车轮、支腿或履带的前端或外侧与沟、坑边缘的距离不得小于沟、坑深度的1.2倍;否则应采取防倾、防坍塌措施。行驶时,应将臂杆放在支架上,吊钩挂在挂钩上并将钢丝绳收紧。禁止车上操作室坐人	测量核实距离后手指距离边界点口诵确认:"安全距离××,确认!"

《中国南方电网有限责任公司电力安全工作规程》		手指口诵
条例号	条例文字	
25.2.5	起重臂不应跨越带电设备或线路进行作业。在临邻带电体处吊装作业时，起重机臂架、吊具、辅具、钢丝绳及吊物等与带电体的距离不得小于表 19 的规定	测量核实距离后手指距离边界点口诵确认："安全距离××，确认！"
25.4.1	装车前应对车辆进行检查，车轮和刹车装置必须完好	装车前应对车辆进行检查，检查车轮和刹车装置完好后手指车轮和刹车，口诵确认："检查正常，确认！"
25.5.4	人力运输用的工器具应牢固可靠，每次使用前应进行检查	作业人员在人力运输用的工器具每次使用前，手指着工器具位置，口诵确认："工器具检查牢固可靠，确认！"
26.1.1	安全工器具存放环境应干燥通风；绝缘安全工器具应存放于温度−15℃~40℃、相对湿度不大于80%的环境中	作业人员在检查安全工器具存放时，手指温湿度仪器数据，口诵确认："温度××、湿度××。确认！"
26.2.1.1	安全工器具每月及使用前应进行外观检查	作业人员在安全工器具每月及使用前，按项目检查后手指着安全工器具位置，口诵确认："检查××项目正常，确认！"
26.2.1.2	外观检查主要检查内容包括： a）是否在产品有效期内和试验有效期内	作业人员在安全工器具使用前，检查后手指着安全工器具标签位置，口诵确认："在有效期内和试验有效期内，确认！"
	外观检查主要检查内容包括： b）螺丝、卡扣等固定连接部件是否牢固	作业人员在安全工器具使用前，手指着安全工器具螺丝、卡扣等固定连接部件，口诵确认："螺丝、卡扣等固定连接部件牢固，确认！"
	外观检查主要检查内容包括： c）绳索、铜线等是否断股	作业人员在安全工器具使用前，手指着安全工器具绳索、铜线等位置，口诵确认："绳索、铜线等没有断股，确认！"
	外观检查主要检查内容包括： d）绝缘部分是否干净、干燥、完好，有无裂纹、老化；绝缘层脱落、严重伤痕等情况	作业人员在安全工器具使用前，手指着安全工器具绝缘部分位置，口诵确认："绝缘部分良好；绝缘层无脱落、无严重伤痕，确认！"
	外观检查主要检查内容包括： e）金属部件是否有锈蚀、断裂等现象	作业人员在安全工器具使用前，手指着安全工器具金属部件位置，口诵确认："金属部件无锈蚀、断裂等现象，确认！"

续表

《中国南方电网有限责任公司电力安全工作规程》		手指口诵
条例号	条例文字	
26.2.2.2	安全帽使用前，应检查帽壳、帽衬、帽箍、顶衬、下颌带等附件完好无损。使用时，应将下颌带系好，防止工作中前倾后仰或其他原因造成滑落	作业人员在佩戴好安全帽后，一手扶安全帽，一手拉下颌带，并口诵确认："安全帽完好，已正确佩戴，确认！"
26.2.5.2	携带型接地线使用前应检查是否完好，如发现绞线松股、断股、护套严重破损、夹具断裂松动等均不应使用	作业人员在使用携带型接地线前，检查并手指着携带型接地线，口诵确认："检查完好，确认！"
26.2.7.2	用于 10kV 电压等级时，绝缘隔板的厚度不应小于 3mm，用于 35kV 电压等级不应小于 4mm	作业人员在仓库取用绝缘隔板和绝缘罩前，手指着绝缘隔板或绝缘罩，口诵确认："厚度××，符合要求，确认！"
27.1.1	带电作业工具房进行通风时，应在室外相对湿度小于 75% 的干燥天气进行。通风结束后，应立即检查室内的相对湿度，并加以调控	作业人员手指温湿度测试仪器数据，口诵确认："温度××，湿度××，符合要求，确认！"
27.1.2	带电作业工具库房门窗应密闭严实,地面、墙面及顶面应采用不起尘、阻燃材料制作。室内的相对湿度应不大于 60%。硬质绝缘工具、软质绝缘工具、检测工具、屏蔽用具的存放区，温度宜控制在 5℃～40℃ 之间；配电带电作业用绝缘屏蔽用具、绝缘防护用具的存放区，温度宜控制在 10℃～21℃ 之间；金属工具的存放不作要求	作业人员手指温湿度测试仪器数据，口诵确认："温度××，湿度××，符合要求，确认！"
27.2.5	使用绝缘工具前，应使用 2500V~5000V 绝缘电阻表接 2cm 电极（电极宽 2cm，极间宽 2cm）或绝缘检测仪对其进行分段绝缘检测，阻值应不低于 700MΩ。操作绝缘工具时应戴清洁、干燥的手套，并应防止绝缘工具在使用中脏污和受潮	作业人员手指检测仪器数据，口诵确认："电阻××，符合要求，确认！"
27.2.6	使用屏蔽服前，应用量程为 0.1Ω~50Ω 的电阻表对其检测，衣裤任意两个最远端点之间的电阻值均不应大于 20Ω	作业人员在使用屏蔽服前，用量程为 0.1Ω~50Ω 的电阻表检测衣裤任意两个最远端点之间的电阻值，手指仪表数据，口诵确认："电阻值为××欧，确认！"

《中国南方电网有限责任公司电力安全工作规程》		手指口诵
条例号	条例文字	
27.3.2	a) 静荷重试验：1.2 倍额定工作负荷下持续 1min，工具无变形及损伤者为合格	作业人员手指仪器数据，口诵确认："数据××，完好，符合要求，确认！"
	b) 动荷重试验：1.0 倍额定工作负荷下操作 3 次，工具灵活、轻便、无卡住现象为合格	作业人员手指仪器数据，口诵确认："数据××，完好，符合要求，确认！"
28.1.2	施工机具应统一编号，由专人保管和保养维护。入库、出库、使用前应进行检查	作业人员在施工机具入库、出库、使用前，手指着施工机具位置，口诵确认："检查正常，确认！"
28.1.3	施工机具应定期试验，主要起重工具试验标准应符合表 21 的规定	作业人员在施工机具定期试验前，手指试验仪表数据，口诵确认："试验数据××，符合要求，确认！"
28.1.4	施工机具使用前必须进行外观检查，不应使用变形、破损、有故障等不合格的机具	作业人员在施工机具使用前，检查并手指着施工机具位置，口诵确认："检查正常，确认！"
28.2.1.1	使用前应对设备的布置、锚固、接地装置以及机械系统进行全面检查，并做空载运转试验	作业人员在牵引机、张力机使用前，检查并手指着牵引机或张力机位置，口诵确认："检查正常，试验正常，确认！"
28.2.1.4	牵引机牵引卷筒槽底直径不得小于被牵引钢丝绳直径的 25 倍	作业人员在牵引机使用前，核实后手指着牵引机位置，口诵确认："牵引机牵引卷筒槽底直径不小于被牵引钢丝绳直径的 25 倍，确认！"
28.2.2.2	拉磨尾绳不应少于 2 人，且应位于锚桩后面、绳圈外侧	拉磨尾绳不应少于 2 人，工作负责人手指作业人员口诵确认："人员到位，且应位于锚桩后面、绳圈外侧，确认！"
28.2.2.3	卷筒应与牵引绳保持垂直。牵引绳应从卷筒下方卷入，排列整齐，通过磨心时不得重叠或相互缠绕，在卷筒或磨心上缠绕不应少于 5 圈，绞磨卷筒应与牵引绳的最近转向滑车保持 5m 以上的距离	核实距离后手指距离边界点口诵确认："距离大于 5 米，确认！"
28.2.2.9	a) 作业前应进行检查和试车，确认卷扬机设置稳固，防护设施完备	作业人员在卷扬机作业前，逐一检查并手指着卷扬机各部件，口诵确认："卷扬机检查正常，试车正常，确认！"

续表

《中国南方电网有限责任公司电力安全工作规程》		手指口诵
条例号	条例文字	
28.2.3.3	缆风绳与抱杆顶部及地锚的连接应牢固可靠。缆风绳与地面的夹角一般不大于45°。缆风绳与架空输电线及其他带电体的安全距离应不小于表19的规定	测量并核实距离后手指距离边界点口诵："安全距离××，确认！"
28.2.4.3	网套末端应用铁丝绑扎，绑扎不得少于20圈	网套末端应用铁丝绑扎，绑扎不得少于20圈，作业人员绑扎20圈后，手指第20圈口诵确认："已绑扎20圈，确认！"
28.2.4.4	每次使用前应检查，发现有断丝者不得使用	作业人员在导线连接网套每次使用前，检查并手指着网套，口诵确认："网套无断丝，确认！"
28.2.6.1	地锚坑在引出线露出地面的位置，其前面及两侧的2m范围内不准有沟、洞、地下管道或地下电缆等。地锚埋设后应进行详细检查，试吊时应指定专人看守	按项目检查后手指检查对象口诵确认："检查××无异常……，确认！"
28.2.7.1	使用前应检查吊钩及封口部件、链条应良好，转动装置及刹车装置应可靠，转动灵活正常是否良好	作业人员在链条葫芦和手扳葫芦使用前，检查并手指着链条葫芦或手扳葫芦吊钩及封口部件、链条，口诵确认："检查正常，确认！"
28.2.8.2	紧线器受力后应至少保留1/5有效丝杆长度	作业人员在双钩紧线器受力后，手指着双钩紧线器丝杆长度边界位置，口诵确认："有效丝杆长度××，确认！"
28.2.10.1	当卸扣有裂纹、塑性变形、螺纹滑牙、销轴和扣体断面磨损达原尺寸3%~5%时不得使用。卸扣的缺陷不允许补焊	作业人员在使用卸扣前，检查并手指卸扣口诵确认："检查合格，确认！"
28.2.11.1	合成纤维吊装带、棕绳（麻绳）和纤维绳等应选用符合标准的合格产品。各类纤维绳（含化纤绳）的安全系数不得小于5，合成纤维装带的安全系数不得小于6	作业人员在取用各类纤维（含化纤绳）前，核实参数后手指着各类纤维绳（含化纤绳），口诵确认："系数××，符合要求，确认！"
28.2.12.6	滑车组的钢丝绳不得产生扭绞，使用中的滑车组两滑车滑轮中心间的最小距离不应小于表25的规定	作业人员在滑车组的钢丝绳使用前，核实距离后手指着钢丝绳位置，口诵确认："最小距离××，确认！"
28.2.13.5	使用飞车越过带电线路时，飞车最下端（包括携带的工具、材料）与带电体的最小安全距离必须在表16的基础上增加1m，并设专人监护	测量核实距离后手指距离边界点口诵："安全距离××，确认！"

《中国南方电网有限责任公司电力安全工作规程》		手指口诵
条例号	条例文字	手指口诵
28.2.14	使用油锯的作业，应由熟悉机械性能和操作方法的人员操作，并戴防护眼镜。使用时应检查所能锯到的范围内有无铁钉等金属物件，防止金属物体飞出伤人	作业人员在使用油锯作业前，检查并手指着油锯周围位置，口诵确认："无铁钉等金属物件，确认！"
28.2.15.1	使用携带型火炉或喷灯时，火焰与带电部分的距离：电压在 10kV 及以下者，不应小于1.5m；电压在 10kV 以上者，不得小于 3m	测量核实距离后手指距离边界点口诵："安全距离××，确认！"
28.3.2	施工机具应定期进行检查、维护、保养。施工机具的转动和传动部分应保持其润滑	施工机具应定期进行检查、维护、保养。检查后手指检查的施工机具并口诵确认："检查 ×× 完好……，确认！"
29.1.1.1	电气工具使用前应检查电线是否完好，有无接地线；不合格的禁止使用；使用时应按有关规定接好剩余电流动作保护器（漏电保护器）和接地线	作业人员在电气工具使用前，按项目检查，检查完好后手指着电气工具，口诵确认："×× 完好……，确认！"
29.1.3.2	应经常调节防护罩的可调护板，使可调护板和砂轮间的距离不大于 1.6mm	测量核实距离后手指距离边界点口诵："安全距离××，确认！"
29.1.4.1	潜水泵应重点检查以下项目且应符合要求：e）校对电源的相位，通电检查空载运转，防止反转	作业人员在潜水泵使用前，通电检查空载运转，运转正常后手指着潜水泵，口诵确认："转向正确，确认！"
29.1.4.3	移动潜水泵时应断电。潜水泵应先放入水中再启动电源。检查、维修潜水泵时应先断电并悬挂"禁止操作"标示牌	检查、维修潜水泵手指电路开关位置，口诵确认："已断电，确认！"
29.1.5.1	手持行灯电压不应超过 36V。在特别潮湿或金属容器内等地点作业时，手持行灯的电压不准超过 12V	作业人员在取用手持行灯使用前，核实参数后手指着手持行灯标签位置，口诵确认："行灯电压 ××V，确认！"

需要关注的是，安规主要关注安全事项，对作业质量如数据的准确性、作业对象的状态关注较少，因此此表并不能完全涵盖电力生产作业中常见的手指口诵项目。

3.6 管理评价与考核

通过评价与考核，将在促进手指口诵安全作业法的推进上发挥一定的激励作用，因此需要制定管理评价考核标准，并结合实际，制定相应的激励措施。

3.6.1 管理评价与考核

管理评价标准包括评价考核指标和评价考核机制，最终形成评价办法。

（1）评价考核指标。评价考核指标分为个人考核指标和部门考核指标两大类。

个人考核指标由三个维度指标组成：执行规范性、熟练程度和日常应用覆盖。三个指标评分标准分别为 50 分制、50 分制和扣分制。执行规范和熟练程度可以通过集中演练考试进行考核评分，日常应用考核则通过查看记录，如任务观察记录、交接班记录等统计和推进办公室临检结果。

任务指标体系构成见表 3-9。

表 3-9　个人考核指标构成

一级指标	二级指标	考核内容	权重比例
执行规范	站位观察规范	考核手指口诵站位离观察对象的距离和观察对象是否符合要求	20%
	手指眼看规范	考核手指动作和眼看动作的方位、动作要领是否正确，是否符合规范要求	30%
	口诵思考规范	考核口诵内容正确与否、口诵时机是否符合要求，应答是否准确、声音是否清晰响亮	30%
	动作连贯规范	考察整套动作的连贯性，从站位观察；手指指向，辨识状态；思考口诵；安全确认或应答等四个步骤的动作连贯性和顺序是否符合要求	20%
熟练程度	作业任务手指口诵熟练度	考察不同作业任务下的手指口诵是否熟练	40%

一级指标	二级指标	考核内容	权重比例
熟练程度	危害与风险熟悉程度	考察对本工种不同作业场合下的危害种类、危害分布、风险措施的熟悉程度	40%
	问答应对	由评价考核小组随机提出2~3个问题，考察被评价者回答是否准确，应对是否恰当	20%
日常应用	日常记录	记录发现没有执行手指口诵1人次扣1分	扣分制
	临检抽查	临检发现没有执行手指口诵或执行不规范1人次扣1分	扣分制

部门考核指标由三个维度指标组成：①该部门个人考核结果统计；②推进工作开展情况；③推进氛围。

该部门个人考核结果统计值为个人考核评分的平均值，即（∑个人考核结果值）/N。占部门考核指标的权重为50%。

推进工作开展情况指标通过查看推进方案、计划执行情况记录和部门会议记录进行评分，在评价考核小组内按专家打分法进行核算评分。占部门考核指标的权重为35%。

推进氛围指标通过观察部门展板、宣传栏、通知公告栏、口号标语等形式，营造的推进氛围。占部门考核指标的权重为15%。

（2）评价考核机制。评价考核机制包括评价组织、评价流程、评价周期和工作要求。

评价组织可以由推进办公室承担，评价考核职责纳入推进办公室的职责范围。

评价考核组长由推进办公室主任担任；副组长由推进办公室副主任或安监部门负责人担任；评价组成员由推进办公室成员、部分内训师及相关部门骨干成员组成。

评价的步骤流程包括发布评价工作、评价准备、评比活动、发布统计结果、表彰等环节。发布评价工作是正式下文发布开展评价考核工作，公布评价组织、时间计划、工作要求等；评价准备工作是在开展评价之前做好评价表格、参评部门或人员名单、编制活动方案、考场布置等工作；评比活动为具体实施评价考核活动，分为理论考试和实操演练、现场检查等项目，做好计分记录和整理；评价活动后对各单位和个人的评价评分进行核算、汇总统计，公布统计结果和奖励名单；举办表彰大会，由推进委员会颁发奖励和获奖证书等。

推进评价工作的评价考核周期根据企业实际情况，一般为半年或一年，不宜过于频繁以免影响企业生产。

（3）制定评价标准和评价办法。结合上述制定的评价标准和评价机制，编制评价考核管理办法，由推进办公室拟定后提交推进委员会审议，审批通过后予以公布。

3.6.2 激励政策

手指口诵安全作业法推进评价考核的激励政策纳入绩效考核。其中奖励分个人奖励和集体奖励两个奖项。个人奖励为物质奖励，设立一等奖、二等奖和三等奖三个级别，分别给予一定的奖金。集体奖励可以设为荣誉奖励，同时在年度的组织绩效考核中给予适当的加分。激励政策同时还包括对手指口诵的部门综合考核低于 80 分以下给予负向激励。

比如在煤炭行业的某企业制定的相关政策是：每降 5 分将在年度绩效中减少该部门单位奖励总额的 20 %；低于 70 分的，则取消该部门单位当月奖励；当月"手指口诵"考核排名倒数第一的，扣罚该单位部门当月奖励总额的 50 %；年度累计两次排名倒数第一，取消该单位一个月的奖励。每月选定一个岗位工种，随机抽取 3~6 人，在统一时间、统一地点，参加统一的应知应会考试和实操演示。单位排名及平均成绩纳入该部门当月全员安全责任奖励手指口诵综合考核，并对前三名和后三名的单位分别在安全生产竞赛中加分奖励和减分处罚。

3.7 超高压输电公司南宁局手指口诵安全作业法的推广实践

3.7.1 以文化促进行为，以行为提升文化

超高压输电公司南宁局在其安全文化体系建设背景下，充分认识到手指口诵安全作业法和安全文化建设的相互促进作用，由局安委会组织推行手指口诵安全作业法。南宁局将手指口诵安全作业法作为安全文化培育的技术方法，不仅是规范现场作业风险控制管理手段，还是强化员工安全行为训练和安全行为干预措施的技术方法。

南宁局在推行手指口诵安全作业法的初期，一方面，通过安全文化手册、安全网站、视频、展板、展厅等多种媒介形式，在全局上下弘扬"匠心铸安"的安全文化品牌，传播安全愿景、安全目标、安全使命等安全价值观和"严、细、思、共、诺、习"的安全行为理念体系，同时开展"一班一特色"的班组安全文化建设，共同营造出"以理念引领制度、制度规范行为、行为养成习惯、习惯形成文化"的安全文化氛围，将制度规定落实到每个员工的日常行为中，让每一个员工都能养成自觉遵守制度规范的习惯。

另一方面，推出安全文化培育的技术方法：即手指口诵安全作业法和"槽刻"安全教育培训法。以手指口诵安全作业法来提高危害辨识与风险评估水平，提升岗位作业质量，降低作业失误率，提高员工个人自主管理能力。以"槽刻"安全教育培训法强调不断重复一个动作来培养员工的行为习惯，并掌握正确的安全操作技能和专业知识，提高员工的职业素质。

同时，通过建立系统的安全文化培育保障机制，确保手指口诵安全作业法能顺利转入常态化管理。即制定岗位安全行为准则，将手指口诵纳入员工规范作业标准；开展"三严三实"的安全生产新常态工作，强化行为固化；制定"三不一鼓励"和奖惩制度，鼓励员工主动上报未遂事件，改变以往的

注重事故转向注重未遂事件管理，提倡风险精细化管控。制定考核评价和回顾评价，改进不足，确保安全文化培育到位，手指口诵安全作业法等管理手段得以深入推广。

得益于南宁局安全文化培育机制建设，围绕作业过程中"事前、事中、事后"三个环节，形成了包括手指口诵安全作业法在内的南宁局员工安全行为干预"工具箱"，促进了南宁局可持续的、有成效的安全文化建设，提升了南宁局安全生产风险防控能力。

南宁局的员工安全行为干预"工具箱"如图3-10所示，包括现场安全监督、任务观察、员工心理辅导、安全激励、一对一沟通机制、"三指定"安全学习、手指口诵安全作业法及"槽刻"安全教育培训法。

图3-10 超高压输电公司南宁局安全行为干预"工具箱"

（1）现场安全监督。南宁局强化安全生产管理规章制度和南方电网公司《电力安全工作规程》、作业指导书的刚性执行。持续开展反违章行动，形成对违章行为的高压态势。配合超高压输电公司试点建设违章行为信息分析机制，促进一线员工现场作业行为的安全、规范、可控。在安全检查、体系审核等工作中组织对执行情况进行检查和监督，确保各项规章制度及规程的有效落实。并规范外包施工队伍的管理，资质审查、现场管理、安全教育的成效明显提高。

同时，为了规范和固化员工的安全行为，南宁局连续三年实施安全生产新常态管理活动，通过开展"指名道姓"的案例警示教育，实施重要作业和典型作业、高风险作业关键步骤的录像，实施以风险后果为基准的问责机制，实施严格的督查通报制度，实施"三指定"安全学习制度，垂直管理盘活传统三级安全网的管理潜力等一系列措施强化管理、执行和问责，强化安全要实、作风要实、做人要实。同时，实施了安全监督领域的"五种形态管理"，通过严格监督和正向激励的双重手段推动广大员工向第一种形态转变。

"五种形态"指的是：第一种形态为让相互提醒、相互关心安全成为常态。第二种形态为让主动报告未遂事件、自我改进成为大多数。第三种形态为让轻微违章行为成为少数。第四种形态为让严重违章行为成为极少数。第五种形态为让触犯安全生产法律法规行为成为"零"，如图 3-11 所示为五种形态管理。

图 3-11 五种形态管理

采取严格监督的正向激励机制，包括：①每年至少组织开展一次相互提醒、相互关心的活动，每月至少开展一次经验分享；②各级人员通过互帮互学、互相监督，不断促进个人技术技能的提高；③积极落实手指口诵安全作业法；④未遂事件主动上报；⑤积极倡导作业前"2分钟"风险思考法。

（2）手指口诵安全作业法。南宁局开展手指口诵安全作业法，强化员工的危害辨识和风险评估意识，培养良好的安全行为意识和习惯，有效提升全体员工现代文明素养，转变安全意识水平，使之处于正常而清晰的状态，推动员工队伍破暮气、提朝气、凝精气，保持队伍工作活力，提高员工个人自主安全管理水平。手指口诵安全作业法结合槽刻安全教育培训，反复训练，使安全意识和安全行为在员工的记忆深处和行为惯性上固化下来。图3-12为南宁局班会后开展手指口诵训练。

图3-12 班会后手指口诵训练

（3）安全教育培训"槽刻"法。南宁局开展生产技能人员"强基"培训，把强化岗位基本知识和基本技能培训的"强基"培训工作和实际工作的安全活动、预案演练、班前班后会、作业任务观察等班组活动做好衔接，采用集中授课、自学、实操方式开展，通过在工作中规范作业、在工作之余反复练习，把规范的安全行为通过反复培训、反复强化、反复提醒，"槽刻"为员工的自觉行为，养成安全行为习惯。图3-13所示为南宁局"槽刻"训练法。

图 3-13 "槽刻"训练法

输电部门针对管控一线班组知识和技能的薄弱环节,把"强基"培训计划融入安全活动、技术培训、事故预想、事故演练、作业任务观察等日常工作、专项工作和年度检修工作中,通过在工作中规范作业、在工作之余反复练习,把规范的安全行为槽刻为员工的自觉行为,提高员工安全意识。同时,在不影响安全生产工作情况下,利用"项目 + 培训"的模式开展"强基"培训工作,建立定期检查和考核机制,融入班组安全活动和日常工作,确保培训计划到人、培训项目到位。

变电部门针对不同学习内容采取不同方式,结合学习培训、培训考核、现场检查、任务观察、比武竞赛等"培训与考评"相结合的形式开展法律法规、安全生产标准、安全生产制度类的学习,个人防护用具、安全工器具使用,消防、高处作业、危化品作业、紧急救护、紧急逃生的应急演练内容。部门、班组实行有重点的宣贯培训,培训结束进行考核。由各班组进行实操培训和训练,部门安排现场检查,达到人人按标准过关的要求,根据学习和培训的内容,结合实际工作开展任务观察,对存在问题作为案例在各班组中进行讨论,反思培训效果,再次实施培训强化效果。在班组内或班组间开展竞赛、比武,不断训练形成习惯。通过邮件、微信、QQ 等平台,进行安全基础知识提问、讨论和发放资料,宣传好做法、好习惯,在部门内形成人人讲安全、事事提技能的氛围。

（4）任务观察。任务观察是对作业人员执行任务过程的观察，分为全面任务观察和局部任务观察。南宁局开展任务观察是为了了解员工的行为习惯，检验制度标准或作业指导书的全面性和可操作性，跟踪员工的培训效果，收集员工的培训需求和合理化建议，发现可能导致事故、伤害、损失和无效率的行为或方法，跟进上一次任务观察提出的现场立即改进措施的执行效果。

南宁局开展针对巡检人员自主消缺的专项任务观察，从作业准备、作业中执行、作业后记录进行全过程观察，重点关注电气操作过程的技术人员技能水平情况、个人防护品使用、人的位置风险、工具和设备的使用、作业环境情况、作业程序标准的执行等方面内容，消缺作业对相关规程、标准的依从性。并且发布年度任务观察分析报告。

（5）员工心理辅导。南宁局十分注重人文关怀与心理疏导，在抓好安全生产促企业发展的同时，积极推进安全文化建设，通过"心理健康知识讲座""辅导员心理咨询技能培训""一对一心理咨询"等新载体、新举措进一步加强南宁局的人文关怀，帮助员工了解内心感受，让深藏的压力得到释放，让心里话得到倾诉，让内心的困惑得到解答，实实在在地释缓心理压力、提升幸福指数，以此丰富关爱员工工作的内涵与外延。

（6）"三指定"学习。南宁局为进一步强化安全生产管理的源头控制，防止各类事故事件的再次发生，针对严重违章、事故事件责任人，运用"安全教育培育槽刻法"，通过对某个观念、某种技能的反复培训、反复强化、反复提醒，使员工印象深刻，规范行为，消除风险。在南宁局设立公开的"三指定"安全学习处（见图3-14），将严重违章的员工请到此处，对违章条款进行反复学习，对员工行为进行干预。

当员工累计违章扣分满9分时，由局安监部对其进行警示教育、限期整改，并安排至少1天到"三指定"安全学习处进行培训学习或通过其他培训学习方式学习；当累计违章扣分满12分时，由分管局领导对其进行诫勉批评，并安排至少3天到局"三指定"安全学习处进行脱产学习，经局安监部组织评估合格后方可继续工作。

图 3-14 "三指定"安全学习处

另外，每年组织事故事件反思日，对南宁局历史上发生的事件进行反思回顾，当事人现身说法，使全体员工对事故事件印象深刻。

（7）"一对一"沟通机制。南宁局每年组织安全区代表和部分安全员，分别与南宁局安全生产第一责任人和分管安全生产负责人开展一对一沟通工作，就安全区代表履职评价、安全建议和需求、安全区代表运转机制和体系审核发挥作用等内容与两位局领导进行深入的沟通与汇报。通过上下级之间就安全问题主动进行沟通交流，推动南宁局自主沟通的安全文化氛围形成良性循环。

（8）安全激励。南宁局通过设立各种安全生产工作专项奖励，发挥员工业绩考核的激励约束作用，积极鼓励表扬员工针对现状发现问题，结合实际提出有效的安全管理新方法、新举措，充分发挥人才作用，有利于保障电网的安全可靠运行，实现可持续和谐发展。

3.7.2 多样化的管理样式

南宁局在推行手指口诵安全作业法的实践过程中，结合自身生产管理和作业环境特点，形成了南宁局手指口诵安全作业法的各种管理样式，包括多种手指口诵动作样式、口诵语规范、手指口诵标识和多种环境下使用的安全管理板等。

1. 动作样式

结合现场环境及条件，在手指口诵标准动作步骤的基础上，简易步骤形式。

（1）手指口诵标准动作。手指口诵的标准动作步骤如图 3-15 所示，动作规范详见第 1 章"手指口诵的动作规范"。

步骤一　　　　步骤二　　　　步骤三　　　　步骤四

■在工作对象前自然站立，抬头挺胸

■口诵"×××"
■伸出右手
■用食指指向对象物
■盯住对象物

■将右手收回到耳根
■向上收手，一边思考确认"这样做对了没有"

■确认后
■口诵"好！（确认！对！是！）"
■口诵同时手指向确认对象

图 3-15　手指口诵标准动作步骤

（2）手指口诵简易动作。如受作业现场条件限制，无法完整执行手指口诵标准动作和步骤时，可执行简易动作，分两种形式。

1）"手指"+"口诵"：作业动作完成后，手指对象，口诵关键内容，进行安全确认。

2）"口诵"：因作业或其他原因无法使用手指时，口诵关键内容，进行安全确认。

2. 口诵规范

南宁局明确了手指口诵的通用标准规范、单人或双人作业时的口诵规范。

（1）通用语的标准规范：口诵"×××"，确认后，口诵"确认！（对！

是！）”；

（2）规程许可的单人作业，需自问自答；

（3）双人作业时，监护人问作业人答或在监护人监护下作业人自问自答。

手指口诵举例。

（1）作业动作：验收变压器套管油位指示。

手指口诵：作业人员按标准步骤，手指套管油位指示器，口诵"油位指示在三分之二，油位正常，确认！（对！是！）"

（2）作业动作：高压试验仪器接地。

手指口诵：作业人员按标准步骤，手指接地线两端，口诵"仪器已经接地，确认！（对！是！）"

（3）作业动作：失灵回路端子排连接片划开。

手指口诵：作业人员按标准步骤，手指已划开的失灵回路端子排连接片，口诵"失灵回路端子排连接片已划开，确认！（对！是！）"

（4）作业动作：登塔前核对杆塔号。

手指口诵：作业人员按标准步骤，手指杆塔号牌，口诵"经核对××线路名称与××杆号无误，确认！（对！是！）"

（5）作业任务：安全带穿戴。

手指口诵：作业人员打好安全带后穿戴好后，手指安全带，口诵"安全带已经戴好，确认！（对！是！）"

3. 管理工具样式

南宁局手指口诵的管理工具包括有：手指口诵标识和安全管理板。

（1）手指口诵标识。

1）使用纸质作业文件的，可由执行人作业前在纸质文件的手指口诵项目加盖"手指口诵"章。

2）作业现场"手指口诵"标识。

作业现场"手指口诵"标识是指在设备、作业场所等必要的地方张贴手指口诵提醒标识，如图 3-16 所示。

图 3-16 手指口诵标识

"手指口诵"标识张贴在可能存在较大的操作、作业风险，需要进行安全确认的地点，能及时提醒作业人员注意手指口诵。标识不应到处张贴，且应整齐美观。

"手指口诵"标识按张贴的场所分为小标识、大标识和地标。

小标识：保护屏有数据需要确认的地方、保护屏有压板及把手需要确认的地方、保护屏门把手上方、低压屏合适看到的地方、交直流电源屏合适位置、保护屏后门内侧左边的合适位置、一次设备重要表计需要确认数据的合适位置；操作计算机的合适位置（影响美观的可以不贴）等。

大标识：500kV 每串入口 B 相容易看到的地方，每串中部，每串只部署两个；保护室、配电室门口；220kV 间隔每三个间隔部署一个，部署在最容易看见的相；主控室门口；公共区域装有妆容镜的贴在镜子旁边等。

地标：可在有位置要求及确认要求的地点部署。

（2）安全管理板。安全管理板是便于在作业中开展作业风险控制的管理工具，将作业风险与手指口诵相结合，用于作业现场进行风险控制和安全确认。安全管理板根据适用的场地和专业分为 A、B、C、D、E 型。

1）A型安全管理板如图3-17所示。安装地点：①固定安装在主控制门口。②保护小室墙上。③其他设备室门口或室内墙上。

使用人员：各中心站巡检人员、继电保护班人员、高压实验班人员、自动控制班人员、信息通信班人员，可以建议外来施工单位使用。

使用方法：①运行人员工作前将日常巡检工作（监盘、巡视、维护、事故处理、操作等）主要风险写在看板上，出去作业前先手指口诵确认再出去工作。②检修人员、运检一体化人员开始工作前（安全交代）将主要风险写在看板上，手指口诵确认后再开始工作。③可将看板作为班前班后会的工具或载体。④工作中将新增风险写在看板上。

图3-17　A型安全管理板

2）B型安全管理板如图3-18所示。安装地点：保护小室保护屏侧面。

使用人员：继电保护班人员、自动控制班人员、其他需要在继电保护小室内开展工作的人员，可以建议外来施工单位使用。

使用方法：①继保、自动化人员开始工作前（安全交代）将主要风险写在看板上，手指口诵确认后再开始工作。②可将看板作为班前班后会的工具或载体。③工作中将新增风险写在看板上。

3）C型安全管理板如图3-19所示。安装地点：保护小室门前。

使用人员：继电保护班人员、自动控制班人员、其他需要在继电保护小室内开展工作的人员，可以建议外来施工单位使用。

使用方法：①继保、自动化人员及其他人员开始工作前（安全交代）将主要风险写在看板上，手指口诵确认后再开始工作。②可将看板作为班前班后会的工具或载体。③工作中将新增风险写在看板上。

 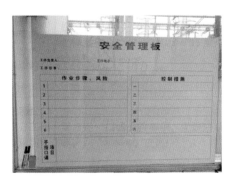

图 3-18 B 型安全管理板   图 3-19 C 型安全管理板

4）D 型安全管理板（合页式便携安全管理板）如图 3-20 所示。安装地点：便携式。

使用人员：高压试验班人员、自动控制班人员、培训班学员、其他需要在室外场地开展工作的人员，可以建议外来施工单位使用。

使用方法：①高压、检修、自动化人员及其他人员开始工作前（安全交代）将主要风险写在看板上，手指口诵确认后再开始工作。②可将看板作为班前班后会的工具或载体。③工作中将新增风险写在看板上。

D型安全管理板正面   D型安全管理板背面   D型安全管理板内页

图 3-20 D 型安全管理板

5）E 型安全管理板（便携式安全卷轴）如图 3-21 所示。安装地点：便携式。

使用人员：输配电班组人员、其他户外作业班组人员，可以建议外来施工单位使用。

使用方法：①班组人员开始工作前（安全交代）将主要风险写在看板上，将工作票、方案、作业指导书携带到现场，插入相应位置备用，手指口诵确认后再开始工作。②使用时，将安全管理卷轴卷成圆柱形，装入画筒，携带到使用地点，挂在抱箍、脚钉或绑在塔材、树木、车辆上使用，使用完毕装入画筒带回。③可将看板作为班前班后会的工具或载体。④工作中将新增风险写在卷轴上。

E 型安全管理板　　　　　　　画筒

图 3-21　E 型安全管理板（卷轴）

第 4 章

电网企业

作业标准卡案例

各专业手指口调安全

4.1 变电运行专业手指口诵安全作业标准卡

4.1.1 交接班手指口诵

NO.1	变电运行专业手指口诵应用案例
第一步	分析作业任务与步骤
	作业任务：交接班。 作业步骤：交接班
第二步	风险分析
	危害名称：未按作业标准进行检查、不按规定程序记录指令。 风险：声誉受损。 后果：受处罚或通报
第三步	危害分布、特性及产生风险条件
	（1）交班值值班期间未按操作票执行或执行错误的操作票，接班值在接班过程中未开展设备状态变化检查或未检查出错误。 （2）调度通过调度指挥网络交互系统下令时，人员精神状态不佳，未注意调度指挥网络交互系统下发调度令或记错调度令
第四步	风险控制措施
	（1）每日在班前会由值班负责人检查值班人员精神状态良好并合理安排值班。 （2）保护状态变动后，接班值需对变动的保护压板进行检查核对。 （3）每日交接班后，及时登录调度指挥网络交互系统
确认	手指口诵项目
	（1）交班值交待完交接班小结内容后，接班值对交接班小结进行检查，无误后确认签字。 （2）值长通过安全管理板交待本值可能存在的风险及控制措施。 （3）保护状态变动后，接班值需对变动的保护压板进行检查核对。 （4）交接班后，手指口诵确认已登录调度指挥网络交互系统

NO.1	手指口诵变电运行专业应用案例

（1）交班值交代完交接班小结内容后，接班值对交接班小结进行检查无误后，手指交接班小结，口诵"交接班小结正确无误，已掌握上两个值的值班情况，确认！（对！是！）"

（2）班前会上值长通过安全管理板交代本值工作中可能遇到的风险及控制措施，手指安全管理板，口诵"本次值班存在××作业风险，应采取××控制措施，确认！（对！是！）"

（3）交接班后，接班人员对所变动的二次设备压板进行检查核对，手指二次设备压板，口诵"经检查，××保护确已投入（或退出），确认！（对！是！）"

（4）交接班后，登录调度指挥网络交互系统，手指调度指挥网络交互系统，口诵"已登录调度指挥网络交互系统，确认！（对！是！）"

4.1.2 日常巡视手指口诵

NO.2	变电运行专业手指口诵应用案例
第一步	分析作业任务与步骤
	作业任务：日常巡视。 作业步骤：作业过程
第二步	风险分析
	危害名称：不按规定使用安全工器具 / 个人防护用品、蛇、昆虫（蜜蜂等）、高处的物体、差的接触面、尖锐的物体、未盖好的电缆盖板、电。 风险：声誉受损、中毒、外力外物致伤、坠落、摔绊、职业病、触电。 后果：受本单位内部批评、造成人身三级事件（轻伤 2 人）、造成 1~2 例与职业有关的疾病
第三步	危害分布、特性及产生风险条件
	（1）未正确佩戴安全帽、穿劳保服，作业时易被尖锐物体碰、刮； （2）夏秋季节，室外设备区巡视踩到蛇； （3）夏秋季节，室外设备区巡视被蜜蜂、蜈蚣等有毒昆虫咬伤； （4）设备巡查时，物体松动坠落； （5）上下开关平台检查时，从平台滑倒跌落； （6）巡视中存在的设备外壳，平台等尖锐棱角； （7）巡视时，不慎踩空摔伤； （8）巡视设备时，触碰设备受到感应电影响； （9）设备机构箱设备带电，现场巡视人员触电
第四步	风险控制措施
	（1）巡检员进入设备区前正确配戴安全帽、穿劳保服； （2）上下平台时面向梯子，双手扶梯； （3）穿带防滑功能的劳保鞋； （4）配备急救箱，存放急救用品，经常检查、补充或更换； （5）在打开的电缆沟盖板旁设置"当心坑洞"警示牌； （6）定期开展急救技能培训
确认	手指口诵项目
	（1）巡视前将作业风险写在安全管理板上，确认巡视的作业风险及控制措施； （2）作业前确认作业人员正确佩戴安全帽穿劳保服； （3）巡视中确认各类设备运行数据及状态，如开关和 TA 的 SF_6 压力、主变压器和高抗的油温、绕温、油位等运行数据以及电容器、保护等设备运行状态

NO.2	手指口诵运行专业应用案例

（1）巡检员在开展巡视前将作业风险写在安全管理板上，手指安全管理板，口诵"本次巡视存在××作业风险，应采取××控制措施，确认！（对！是！）"

（2）巡检员进入设备区前正确佩戴安全帽、穿劳保服，手指对方，口诵"安全帽已戴好，劳保服穿着符合规范，确认！（对！是！）"

（3）巡检员巡视过程中查看开关 SF_6 气体压力，手指开关 SF_6 气体压力表计，口诵"××开关 A 相六氟化硫气体压力为 0.6 兆帕，压力正常，确认！（对！是！）"

（4）巡检员巡视过程中查看 TA SF_6 气体压力，手指 TA SF_6 气体压力表计，口诵"××电流互感器 C 相六氟化硫气体压力为 0.50 兆帕，压力正常，确认！（对！是！）"

NO.2	手指口诵运行专业应用案例

（5）巡检员巡视过程中查看主变压器油温、绕温，手指主变压器油温、绕温表，口诵"×× 主变压器 A 相油温 ×× ℃，绕温 ×× ℃，油温、绕温正常，确认！（对！是！）"

（6）巡检员巡视过程中查看主变压器油枕油位，手指主变压器油枕油位，口诵"×× 主变 A 相油位为 ××，符合油枕油位－温度曲线，油位正常，确认！（对！是！）"

（7）巡检员巡视过程中查看串补平台电容器情况，手指串补平台电容器，口诵"×× 串补电容器外观正常，无渗漏油，确认！（对！是！）"

（8）巡检员巡视过程中查看保护运行情况，手指保护装置，口诵"×× 保护装置指示灯正常，压板投入正确，保护运行正常，确认！（对！是！）"

4.1.3 工作票办理手指口诵

NO.3	变电运行专业手指口诵应用案例
第一步	分析作业任务与步骤 作业任务：工作票办理； 作业步骤：安全措施布置
第二步	风险分析 危害名称：质量不合格的工器具、不按规定使用安全工器具/个人防护用品、误操作； 风险：触电、被迫停运； 后果：造成人身一般事故（死亡1~2人或重伤1~9人）、造成设备一般事故（直接经济损失在100万元到1000万元之间）
第三步	危害分布、特性及产生风险条件 （1）装设接地线时，使用质量不合格的安全工器具验电； （2）装设接地线时，不按规定程序使用安全工器具验电； （3）装设接地线时，使用低电压等级验电器验高电压等级设备； （4）装设接地线步骤错误
第四步	风险控制措施 （1）每年安排对安全工器具进行检验，不合格的安全工器具不予放入安全工器具室； （2）使用前检查安全工器具（绝缘手套、绝缘靴及对应电压等级验电器）外观无破损且在检验合格期内； （3）验电应使用相应电压等级而且合格的接触式验电器，在接地处对各相分别验电； （4）验电前，应先在有电设备上进行试验，确证验电器良好；无法在有电设备上进行试验时可用工频高压发生器等确证验电器良好； （5）装设接地线应由两人进行（经批准可以单人装设接地线的项目及运行人员除外），装设接地线应先装接地端，后装导体端，装、拆接地线均应使用绝缘棒并戴绝缘手套
确认	手指口诵项目 （1）使用前检查安全工器具（缘手套、绝缘靴、验电器）外观无破损且在检验合格期内。 （2）验电前确认所使用的验电器电压等级选择正确。 （3）验电前确认操作人员正确穿戴绝缘手套和绝缘靴。 （4）装设接地线应先装接地端，后装导体端

NO.3	手指口诵运行专业应用案例

（1）操作人员操作前检查安全工器具外观及试验合格证，手指安全工器具，口诵"经检查绝缘手套（绝缘靴、验电器）外观无破损且在检验合格期内，确认！（对！是！）"

（2）作业人员在使用验电器前，检查验电器电压等级，手指验电器标签，口诵"经检查所选用验电器电压等级正确，确认！（对！是！）"

（3）操作人员正确穿戴好绝缘手套和绝缘靴后，手指绝缘手套和绝缘靴，口诵"操作人员正确穿戴好绝缘手套和绝缘靴，确认！（对！是！）"

（4）作业人员在装设接地线前手指设备地桩，口诵"装设接地线先装接地端，后装导体端，确认！（对！是！）"

4.1.4 500kV 线路停电操作手指口诵

NO.4	变电运行专业手指口诵应用案例
第一步	分析作业任务与步骤 作业任务：500kV 线路停电操作； 作业步骤：受令
第二步	风险分析 危害名称：不按规定程序记录指令； 风险：声誉受损； 后果：受本单位内部处罚或通报、受南方电网公司处罚或通报
第三步	危害分布、特性及产生风险条件 （1）调度通过调度指挥网络交互系统下令时，受令人员精神状态不佳，未注意调度指挥网络交互系统下发调度令或记错调度令； （2）受令人员精神状态不佳；凭空记忆，不按要求进行笔录且未对照笔录进行复诵，可能记错调度令
第四步	风险控制措施 （1）每日交接班后，及时登录调度指挥网络交互系统； （2）每日在班前会上由值班负责人检查值班人员精神状态良好并合理安排值班； （3）值班负责人安排精神状态良好人员接令； （4）接令时用纸、笔做好记录，并复诵核对指令无误； （5）对记录不清楚、有疑问的指令听调度录音核对； （6）开展中国南方电网调度管理规程及调度运行操作管理规定的学习； （7）开展公司、局两票规定的学习； （8）每月开展手写操作票练习
确认	手指口诵项目 （1）每值交接班后，手指口诵确认登录调度指挥网络交互系统。 （2）每次受令后手指口诵确认所记录命令与调度指挥网络交互系统相同

NO.4	手指口诵变电运行专业应用案例
（1）每值交接班后，登录调度指挥网络交互系统，手指调度指挥网络交互系统，口诵"已登录调度指挥网络交互系统，确认！（对！是！）"	
（2）每次受令后，确认所记录命令与调度指挥网络交互系统相同，手指调度指挥网络交互系统上的调度令，口诵"将××设备由××状态转为××状态，确认！（对！是！）"	

NO.5		变电运行专业手指口诵应用案例
第一步	分析作业任务与步骤	
	作业任务：500kV 线路停电操作； 作业步骤：开关操作	
第二步	风险分析	
	危害名称：不按规定程序作业、爆炸的开关； 风险：声誉受损、爆炸； 后果：受处罚或通报、造成人身一般事故（死亡 1~2 人或重伤 1~9 人）	
第三步	危害分布、特性及产生风险条件	
	（1）南宁监控中心转令操作开关时，未履行监护职责；未核对设备双重命名； （2）操作的开关存在隐患或不明显的缺陷，开关可能发生爆炸	
第四步	风险控制措施	
	（1）操作前核对开关的名称和编号并唱票复诵； （2）操作必须有监护人监护； （3）待操作完成后再到现场检查开关位置； （4）前往现场检查开关位置前正确佩戴安全帽； （5）组织开展两票规定的学习； （6）每月开展手写操作票	

NO.5	变电运行专业手指口诵应用案例
确认	手指口诵项目
	(1) 操作开关前核对开关的名称和编号。 (2) 作业前正确佩戴安全帽，确认安全帽已戴好。 (3) 现场位置检查人员到现场检查开关位置，确认开关三相确已断开
NO.5	手指口诵变电运行专业应用案例

(1) 操作人员在监控系统上操作开关前，手指监控系统主接线图上即将进行操作的开关名称及编号，口诵"断开 ×× 开关，确认！（对！是！）"	
(2) 现场位置检查人员进入设备区前正确佩戴安全帽，手指安全帽，口诵"安全帽已戴好，确认！（对！是！）"	
(3) 断开开关后，现场位置检查人员到现场检查开关位置，手指已断开的开关，口诵"检查 ×× 开关三相确已断开，确认！（对！是！）"	

NO.6	变电运行专业手指口诵应用案例
第一步	分析作业任务与步骤 作业任务：500kV 线路停电操作； 作业步骤：刀闸操作
第二步	风险分析 危害名称：不按规定程序作业、断裂的机构部件； 风险：声誉受损、外力外物致伤； 后果：受处罚或通报、造成人身一般事故（死亡 1~2 人或重伤 1~9 人）
第三步	危害分布、特性及产生风险条件 （1）南宁监控中心转令操作且被操作刀闸闭锁功能失效时，未履行监护职责；未核对设备双重命名； （2）操作的刀闸存在隐患或不明显的缺陷，刀闸可能发生断裂
第四步	风险控制措施 （1）操作前核对刀闸的名称和编号并唱票复诵； （2）操作必须有监护人监护； （3）待操作完成后再到现场检查刀闸位置； （4）前往现场检查刀闸位置前正确佩戴安全帽； （5）开展两票规定的学习； （6）每月开展手写操作票
确认	手指口诵项目 （1）操作刀闸前刀闸的设备名称和编号。 （2）现场位置检查人员到现场检查刀闸位置，确认刀闸三相确已断开
NO.6	手指口诵变电运行专业应用案例

（1）操作人员在监控系统上操作刀闸前，手指监控系统主接线图上即将进行操作的刀闸名称及编号，口诵"拉开 ×× 刀闸，确认！（对！是！）"

NO.6	手指口诵变电运行专业应用案例
（2）拉开刀闸后，现场位置检查人员到现场检查刀闸位置，手指已拉开的刀闸，口诵"检查××刀闸三相确已拉开，确认！（对！是！）"	

NO.7		变电运行专业手指口诵应用案例
第一步	分析作业任务与步骤	
	作业任务：500kV 线路停电操作。	
	作业步骤：地刀操作	
第二步	风险分析	
	危害名称：电、不按规定使用安全工器具 / 个人防护用品、断裂的机构部件。	
	风险：触电、被迫停运、外力外物致伤。	
	后果：造成人身一般事故（死亡 1~2 人或重伤 1~9 人）、造成设备四级及以下事件（直接经济损失在 10 万元以下）	
第三步	危害分布、特性及产生风险条件	
	（1）使用质量不合格的安全工器具验电；	
	（2）不按规定程序使用安全工器具验电；	
	（3）操作的地刀存在隐患或不明显的缺陷，地刀可能发生断裂	
第四步	风险控制措施	
	（1）前往现场操作地刀前正确佩戴安全帽；	
	（2）每年安排对安全工器具进行检验，不合格的安全工器具不予放入安全工器具室；	
	（3）使用前检查安全工器具（绝缘手套、绝缘靴、验电器）外观无破损且在检验合格期内；	
	（4）使用相应电压等级的验电器验电；	
	（5）验电时要戴绝缘手套、穿绝缘靴；	
	（6）操作人员按操作按钮后离开地刀下方	
确认	手指口诵项目	
	（1）作业前正确佩戴安全帽，用手指口诵确认安全帽已戴好；	
	（2）使用前检查安全工器具（绝缘手套、绝缘靴、验电器）外观无破损且在检验合格期内；	
	（3）验电前确认所使用的验电器电压等级选择正确；	
	（4）验电前确认操作人员正确穿戴绝缘手套和绝缘靴；	
	（5）合上地刀前，操作人员核对地刀名称及编号；	
	（6）合上地刀后，操作人员确认地刀三相确已合上	

NO.7	手指口诵变电运行专业应用案例

（1）操作人员进入设备区前正确佩戴安全帽，手指安全帽，口诵"安全帽已戴好，确认！（对！是！）"	
（2）操作人员操作前检查安全工器具外观及试验合格证，手指安全工器具，口诵"经检查绝缘手套（绝缘靴、验电器）外观无破损且在检验合格期内，确认！（对！是！）"	
（3）操作人员在使用验电器前，检查验电器电压等级，手指验电器标签，口诵"经检查所选用验电器电压等级正确，确认！（对！是！）"	
（4）操作人员正确穿戴好绝缘手套和绝缘靴后，手指绝缘手套和绝缘靴，口诵"操作人员正确穿戴好绝缘手套和绝缘靴，确认！（对！是！）"	

NO.7	手指口诵变电运行专业应用案例
（5）操作前，作业人员确认所操作地刀的中文名称及编号，手指地刀机构箱，口诵"合上××地刀，确认！（对！是！）"	
（6）合上地刀后，操作人员检查地刀位置，手指已合上的地刀，口诵"检查××地刀三相确已合上，确认！（对！是！）"	

NO.8		变电运行专业手指口诵应用案例
第一步	分析作业任务与步骤	
	作业任务：500kV 线路停电操作；	
	作业步骤：二次设备操作	
第二步	风险分析	
	危害名称：误操作；	
	风险：声誉受损；	
	后果：受处罚或通报	
第三步	危害分布、特性及产生风险条件	
	（1）未按操作票执行；	
	（2）执行错误的操作票	
第四步	风险控制措施	
	（1）操作履行监护复诵制度；	
	（2）操作后检查操作的压板与操作票一致；	
	（3）保护变动后及时更新现场运行规程和典型操作票；	
	（4）保护状态变动后，接班值需对变动的保护压板进行检查核对；	
	（5）开展公司、局两票规定的学习；	
	（6）每月开展手写操作票	
确认	手指口诵项目	
	（1）操作后确认操作的压板与操作票一致；	
	（2）保护状态变动后，接班值需对变动的保护压板进行检查核对	

NO.8	手指口诵变电运行专业应用案例
（1）操作人员操作二次设备压板完毕后，手指所操作过的压板，口诵"检查操作后的压板／把手状态与操作票一致，确认！（对！是！）"	
（2）交接班后，接班人员对所变动的二次设备压板进行检查核对，手指二次设备压板，口诵"经检查，××保护确已退出，确认！（对！是！）"	

4.1.5　500kV 线路送电操作手指口诵

NO.9	变电运行专业手指口诵应用案例
第一步	分析作业任务与步骤
	作业任务：500kV 线路送电操作； 作业步骤：受令
第二步	风险分析
	危害名称：不按规定程序记录指令； 风险：声誉受损； 后果：受本单位内部处罚或通报、受上级处罚或通报
第三步	危害分布、特性及产生风险条件
	（1）调度通过调度指挥网络交互系统下令时，受令人员精神状态不佳，未注意调度指挥网络交互系统下发调度令或记错调度令； （2）受令人员精神状态不佳；凭空记忆，不按要求进行笔录且未对照笔录进行复诵，可能记错调度令

NO.9	变电运行专业手指口诵应用案例
第四步	风险控制措施 （1）每日交接班后，及时登录调度指挥网络交互系统； （2）每日在班前会上由值班负责人检查值班人员精神状态良好并合理安排值班； （3）值班负责人安排精神状态良好人员接令； （4）接令时用纸、笔做好记录，并复诵核对指令无误； （5）对记录不清楚、有疑问的指令听调度录音核对； （6）开展两票规定的学习； （7）每月开展手写操作票练习
确认	手指口诵项目 （1）每日交接班后，手指口诵确认已登录调度指挥网络交互系统； （2）每次受令后，手指口诵确认所记录命令与调度指挥网络交互系统相同
NO.9	手指口诵变电运行专业应用案例
（1）交接班后，登录调度指挥网络交互系统，手指调度指挥网络交互系统，口诵"已登录调度指挥网络交互系统，确认！（对！是！）"	
（2）每次受令后，确认所记录命令与调度指挥网络交互系统相同，口诵"将××设备由××状态转为××状态，确认！（对！是！）"	

NO.10	变电运行专业手指口诵应用案例
第一步	分析作业任务与步骤
	作业任务：500kV 线路送电操作； 作业步骤：二次设备操作
第二步	风险分析
	危害名称：不按规定使用仪器仪表、误操作； 风险：被迫停运、声誉受损； 后果：造成设备四级及以下事件（直接经济损失在 10 万元以下）、受南方电网公司处罚或通报
第三步	危害分布、特性及产生风险条件
	（1）测量保护压板电位时，使用万用表等仪器仪表挡位、方法选择不正确，保护误出口； （2）未按操作票执行，执行错误的操作票
第四步	风险控制措施
	（1）操作履行监护复诵制度； （2）测量保护压板电位时使用直流电压挡； （3）操作后检查操作的压板与操作票一致； （4）保护变动后及时更新现场运行规程和典型操作票； （5）保护状态变动后，接班值需对变动的保护压板进行检查核对； （6）开展仪器仪表使用培训； （7）开展两票规定的学习； （8）每月开展手写操作票
确认	手指口诵项目
	（1）操作前确认所使用的万用表试验合格且在有效期以内； （2）使用万用表前确认万用表挡位已经切换至直流电压挡； （3）操作后确认操作的压板与操作票一致； （4）保护状态变动后，接班值需对变动的保护压板进行检查核对

NO.10	手指口诵变电运行专业应用案例

<table>
<tr><td>（1）操作人员在使用万用表前，对万用表进行检查，手指万用表合格证，口诵"万用表试验合格且在有效期以内，确认！（对！是！）"</td><td>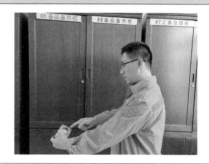</td></tr>
<tr><td>（2）使用万用表前将万用表挡位切换至直流电压挡，手指万用表挡位，口诵"万用表挡位已经切换至直流电压挡，确认！（对！是！）"</td><td></td></tr>
<tr><td>（3）操作人员操作二次设备压板完毕后，手指所操作过的压板，口诵"检查操作后的压板／把手状态与操作票一致，确认！（对！是！）"</td><td></td></tr>
<tr><td>（4）交接班后，接班人员对所变动的二次设备压板进行检查核对，手指二次设备压板，口诵"经检查，××保护已投入，确认！（对！是！）"</td><td></td></tr>
</table>

4.1.6　红外测温手指口诵

NO.11	变电运行专业手指口诵应用案例
第一步	分析作业任务与步骤 作业任务：红外测温。 作业步骤：红外测温
第二步	风险分析 危害名称：不按规定使用安全工器具 / 个人防护用品、不平整的地面、缺乏技能； 风险：声誉受损、设备损坏； 后果：受本单位内部批评、造成设备二级事件（直接经济损失在 25 万元到 50 万元之间）
第三步	危害分布、特性及产生风险条件 （1）未正确佩戴安全帽、穿劳保服，作业时易被尖锐物体碰、刮； （2）夜间测温时摔倒； （3）人员操作技能不高，操作野蛮，导致设备性能下降
第四步	风险控制措施 （1）作业人员进入设备区前正确配戴安全帽、穿劳保服； （2）作业前将红外测温仪固定在手部或挂在脖子上； （3）红外测温过程由两人进行，一人监护，一人作业； （4）培训红外诊断预防性试验作业指导书； （5）培训设备使用说明书及仪器的原理
确认	手指口诵项目 （1）作业前将作业风险写在安全管理板上，手指口诵后再开展工作； （2）作业前确认红外测温仪试验合格且在有效期以内； （3）作业前确认作业人员正确佩戴安全帽、穿劳保服； （4）作业前确认红外测温仪已固定在手部或挂在脖子上； （5）红外测温时确认设备名称及编号
NO.11	手指口诵变电运行专业应用案例

（1）作业人员在作业前将作业风险写在安全管理板上，手指安全管理板，口诵"本次作业存在××作业风险，应采取××控制措施，确认！（对！是！）"	

NO.11	手指口诵变电运行专业应用案例

（2）作业人员在使用红外测温仪前，手指红外测温仪合格证，口诵"红外测温仪试验合格且在有效期以内，确认！（对！是！）"

（3）作业人员进入设备区前检查安全帽、劳保服穿戴情况，手指对方，口诵"安全帽已戴好，劳保服穿着符合规范，确认！（对！是！）"

（4）作业前确认红外测温仪已固定在手部，手指红外测温仪，口诵"红外测温仪已固定在手部，确认！（对！是！）"

（5）红外测温前，手指设备标识牌，口诵"对 ×× 设备进行红外测温，确认！（对！是！）"

4.1.7 蓄电池电压测量手指口诵

NO.12	变电运行专业手指口诵应用案例
第一步	分析作业任务与步骤 作业任务：蓄电池电压测量； 作业步骤：测量蓄电池电压
第二步	风险分析 危害名称：质量不合格的工器具、电； 风险：设备损坏、触电； 后果：造成设备二级事件（直接经济损失在25万元到50万元之间）、造成人身三级事件（轻伤2人）
第三步	危害分布、特性及产生风险条件 （1）测量蓄电池时使用损坏或绝缘不合格的万用表； （2）测量蓄电池时误碰蓄电池带电部位
第四步	风险控制措施 （1）每月按照《测试设备检查表》定期对万用表进行检查； （2）使用前检查万用表试验合格且在有效期以内； （3）测量由两人进行，一人监护，一人作业； （4）配备急救箱，存放急救用品，经常检查、补充或更换
确认	手指口诵项目 （1）作业前确认所使用的万用表试验合格且在有效期以内； （2）测量蓄电池电压前确认设备名称及编号； （3）使用万用表前确认万用表挡位已经切换至直流电压挡； （4）测量结束后对测量结果进行核查，确认蓄电池电压正常

NO.12	手指口诵变电运行专业应用案例

（1）作业人员在使用万用表前，对万用表进行检查，手指万用表合格证，口诵"万用表试验合格且在有效期以内，确认！（对！是！）"

（2）作业人员在测量蓄电池电压前对被测蓄电池组进行确认，手指蓄电池标识牌，口诵"对××蓄电池组电压进行测量，确认！（对！是！）"

（3）使用万用表前将万用表挡位切换至直流电压挡，手指万用表挡位，口诵"万用表挡位已经切换至直流电压挡，确认！（对！是！）"

（4）蓄电池测量结束后，核查测量结果，手指测量记录，口诵"蓄电池电压测量结果正常，确认！（对！是！）"

4.1.8　电压互感器二次回路接地电流测量手指口诵

NO.13	变电运行专业手指口诵应用案例
第一步	分析作业任务与步骤 作业任务：电压互感器二次回路接地电流测量； 作业步骤：电流测量
第二步	风险分析 危害名称：不按规定使用安全工器具 / 个人防护用品、质量不合格的工器具、不按规定程序作业、电； 风险：声誉受损、触电、被迫停运； 后果：受本单位内部批评、造成人身三级事件（轻伤 2 人）、造成设备一般事故（直接经济损失在 100 万元到 1000 万元之间）
第三步	危害分布、特性及产生风险条件 （1）未正确佩戴安全帽、穿劳保服，作业时易被尖锐物体碰、刮； （2）测量电压互感器二次回路接地电流时使用破损或绝缘不合格的钳形电流表，造成人员触电； （3）不正确的测量； （4）测量电压互感器二次回路接地电流时误碰带电端子
第四步	风险控制措施 （1）每月按照《测试设备检查表》定期对钳形电流表进行检查； （2）作业前确认钳形电流表试验合格且在有效期以内； （3）测量由两人进行，一人监护，一人作业； （4）测量电压互感器二次回路接地电流前确认所需测量的接线； （5）现场配备急救箱，存放急救用品，经常检查、补充或更换
确认	手指口诵项目 （1）作业前确认所使用的钳形电流表试验合格且在有效期以内； （2）确认作业人员正确佩戴安全帽、穿劳保服； （3）使用钳形电流表前确认钳形电流表挡位已经切换至交流电流挡； （4）测量前确认所需测量的 N600 接线

NO.13	手指口诵变电运行专业应用案例
（1）作业人员在使用钳形电流表前，对钳形电流表进行检查，手指钳形电流表合格证，口诵"钳形电流表试验合格且在有效期以内，确认！（对！是！）"	
（2）作业人员进入设备区前检查安全帽、劳保服穿戴情况，手指对方，口诵"安全帽已戴好，劳保服穿着符合规范，确认！（对！是！）"	
（3）测量前，将钳形电流表挡位切换至交流电流挡，手指钳形电流表挡位，口诵"钳形电流表挡位已经切换至交流电流挡，确认！（对！是！）"	
（4）测量前作业人员确认所需测量的N600接线，手指所需测量的N600接线，口诵"对××电压互感器二次回路接地电流进行测量，确认！（对！是！）"	

4.1.9 串补冷却系统等维护消缺手指口诵

NO.14	变电运行专业手指口诵应用案例
第一步	分析作业任务与步骤
	作业任务：串补冷却系统、氮气、冷却水等维护消缺； 作业步骤：维护消缺
第二步	风险分析
	危害名称：缺乏技能； 风险：被迫停运； 后果：造成设备三级事件（直接经济损失在 10 万元到 25 万元之间）
第三步	危害分布、特性及产生风险条件
	在工作过程中技能不足造成串补装置故障
第四步	风险控制措施
	（1）每年按照技术培训计划开展对应的班组技术培训提高人员技能水平； （2）作业前将作业风险及风险控制措施写在安全管理板上，作业人员确认作业风险及控制措施后再开展工作； （3）作业前确认设备名称及编号； （4）作业过程中按步骤操作，启停补水泵前核对所启停的水泵编号； （5）作业结束后，核对串补 HMI 信号
确认	手指口诵项目
	（1）作业前将作业风险写在安全管理板上，手指口诵后再开展工作； （2）作业前核对设备名称及编号； （3）作业前及作业过程中核对串补冷却系统水位； （4）作业过程中核对补水泵的启停操作； （5）作业结束后，核对串补 HMI 信号，查看告警是否已复归
NO.14	手指口诵变电运行专业应用案例

（1）作业人员在作业前将作业风险写在安全管理板上，手指安全管理板，口诵"本次消缺作业存在××作业风险，应采取××控制措施，确认！（对！是！）"	

NO.14	手指口诵变电运行专业应用案例
（2）作业人员在工作时核对需消缺的设备名称，口诵"在串补冷却系统××屏柜工作，确认！（对！是！）"	
（3）作业人员在作业前核实串补冷却系统水位情况，手指水位计，口诵"串补冷却系统水位为××cm，已接近告警值，需进行补水，确认！（对！是！）"	
（4）作业人员启动补水泵进行补水，切换至补水泵启动界面，手指控制屏幕，口诵"按下 F4 按键启动 PUMP3（补水泵）进行补水，确认！（对！是！）"	
（5）作业人员检查串补冷却系统水位情况，手指水位计，口诵"串补冷却系统水位为××cm,水位已正常,确认！（对！是！）"	

NO.14	手指口诵变电运行专业应用案例
（6）作业人员关闭补水泵，切换至补水泵启动界面，手指控制面板，口诵"按下 F3 按键关闭 PUMP3（补水泵），确认！（对！是！）"	
（7）作业人员检查串补 HMI，查看 HMI 是否有异常信号，手指控制面板，口诵"串补 HMI 无告警信号，水冷系统恢复正常，确认！（对！是！）"	

4.1.10 保护信息子站异常处理作业手指口诵

NO.15	变电运行专业手指口诵应用案例
第一步	分析作业任务与步骤
	作业任务：保护信息子站（主站）异常处理作业； 作业步骤：作业前准备
第二步	风险分析
	危害名称：电； 风险：触电； 后果：造成人身一般事故（死亡 1~2 人或重伤 1~9 人）
第三步	危害分布、特性及产生风险条件
	作业前布置安措及执行二次措施单时，操作不当、监护不到位导致人体触及带电部位

NO.15	变电运行专业手指口诵应用案例
第四步	风险控制措施
	(1) 现场工作开始前，应检查已做的安全措施是否符合要求，运行设备和检修设备之间的隔离措施是否正确完成，工作时还应仔细核对检修设备名称，严防走错位置； (2) 工作许可手续完成后，工作负责人、专责监护人应向工作班成员交代工作内容、人员分工、带电部位和现场安全措施，进行危险点告知，并履行确认手续后，工作班方可开始工作； (3) 工作负责人、专责监护人应始终在工作现场，对工作班人员的安全进行监护，及时纠正不安全的行为； (4) 工作时按作业指导书正确步骤操作
确认	手指口诵项目
	(1) 现场工作开始前，应检查已做的安全措施是否符合要求，运行设备和检修设备之间的隔离措施是否正确完成； (2) 工作时仔细核对检修设备名称，严防走错间隔
NO.15	手指口诵变电运行专业应用案例
(1) 作业人员在工作开始前确认安全措施已符合要求，运行设备之间的隔离措施已正确完成，口诵"经检查现场安全措施已满足工作要求，确认！（对！是！）"	
(2) 工作人员在工作前核对检修设备名称，口诵"在××保护故障信息采集系统屏柜工作，确认！（对！是！）"	

4.2 输电运检专业手指口诵安全作业标准卡

4.2.1 带电作业手指口诵

NO.16	输电运检专业手指口诵应用案例
第一步	分析作业任务与步骤
	作业任务：输电线路带电作业； 作业步骤：作业人员登塔
第二步	风险分析
	危害名称：不按规定使用个人防护用品、尖锐的物体、高温、高处作业、雷、电、质量不合格的工器具、毒虫叮咬、有缺陷设施。 风险：坠落、触电、刺伤、中暑。 后果：人员死亡（1~2人）
第三步	危害分布、特性及产生风险条件
	(1) 人员缺乏技能、经验，不使用双安全带或防坠器，安全带未拴牢，安全带系挂在移动、锋利或不牢固的物体上，疲劳或酒后作业，身体、精神状态不佳，爬错塔导致触电或高处坠落； (2) 带电作业人员与带电设备电气安全距离不足； (3) 尖锐的物体（脚钉）伤人，不合格的工器具，有缺陷的设施（基础不牢，损坏或松动的脚钉、塔材）对人身设备造成伤害； (4) 高温、严寒、潮湿、强风、雷电对作业人员造成中暑、冻伤、触电、雷击、跌落等威胁； (5) 毒虫叮咬造成作业人员中毒
第四步	风险控制措施
	(1) 选用具有登高及带电作业资质人员，测量风速、温湿度，日常巡视杆塔，工器具及个人防护用品日常检查、定期检验； (2) 专人监护、核对线路名称及杆塔编号； (3) 作业前工器具和个人防护用品，现场检查及测量； (4) 作业前检查杆塔基础、塔材脚钉、塔上是否有马蜂窝等安全隐患； (5) 安全带使用前应进行外观检查和冲击检查； (6) 登高过程使用双安全带或防坠器； (7) 使用的安全带应系在牢固的构件上； (8) 安全带应采用高挂低用，作业应全程使用安全带； (9) 保持足够的电气安全距离； (10) 携带应急药品和制订处置方案

NO.16	输电运检专业手指口诵应用案例
	手指口诵项目
确认	(1) 召开工前会，交代安全注意事项及控制措施； (2) 作业前核对线路名称及杆塔编号； (3) 测量温湿度、风速； (4) 检查、测量绝缘工器具和个人防护用品； (5) 登塔前检查安全带是否已穿戴好； (6) 屏蔽服检查、测量合格，各部件连接点牢靠； (7) 作业前检查杆塔基础牢固； (8) 作业前检查塔材脚钉、塔上是否有马蜂窝
NO.16	手指口诵输电专业应用案例
(1) 召开工前会，作业人员手指安全管理看板，口诵"现场各项安全措施已经布置完毕，确认！（对！是！）"	
(2) 作业人员按标准步骤，手指杆塔号牌，口诵"经核对××线路名称与××杆号无误，确认！（对！是！）"	
(3) 作业人员测量温湿度、风速，手指温湿度仪、风速仪，口诵"温湿度××、风速××，符合带电作业要求，确认！（对！是！）"	

NO.16	手指口诵输电专业应用案例

（4）作业人员检查、测量绝缘工器具和个人防护用品，手指绝缘工器具和个人防护用品，口诵"绝缘工器具和个人防护用品检查、测量合格，确认！（对！是！）"	
（5）作业人员打好安全带后，手指安全带带扣，口诵"安全带已经正确穿戴，确认！（对！是！）"	
（6）作业人员检查、测量屏蔽服合格，各部件连接点牢靠，手指检测屏蔽服的万用表，口诵"经检查、测量屏蔽服合格，各部件连接点牢靠，确认！（对！是！）"	
（7）作业人员检查杆塔基础后，手指杆塔基础,口诵"检查杆塔基础牢固,确认！（对！是！）"	
（8）作业人员检查塔材脚钉是否齐全，塔上是否有马蜂窝等安全隐患，手指杆塔，口诵"经检查塔上无影响作业安全的隐患，申请上塔，确认！（对！是！）"	

NO.17	输电运检专业手指口诵应用案例
第一步	分析作业任务与步骤
	作业任务：输电线路带电作业；
	作业步骤：作业人员进入电场
第二步	风险分析
	危害名称：不足的电气安全距离；
	风险：触电；
	后果：人身伤残（身体）
第三步	危害分布、特性及产生风险条件
	（1）进入强电场过程中，作业人员屏蔽服各部件连接点未连接牢靠，造成人员触电；
	（2）作业人员进入强电场时，组合间隙最小距离小于规程规范规定（500kV 3.9m、±500kV 3.8m、±800kV 6.7m），造成人员触电
第四步	风险控制措施
	（1）等电位工作人员应穿戴全套合格的屏蔽服，且各部分连接良好；
	（2）作业人员进入强电场时，组合间隙最小距离应满足规程规范规定（500kV 3.9m、±500kV 3.8m、±800kV 6.7m）
确认	手指口诵项目
	（1）等电位工作人员穿戴全套合格的屏蔽服，检查各部分连接良好；
	（2）带电作业人员进入强电场时组合间隙最小距离应满足规程规范规定（500kV 3.9m、±500kV 3.8m、±800kV 6.7m）
NO.17	手指口诵输电专业应用案例

（1）等电位工作人员检查全套合格的屏蔽服各部分连接情况。手指屏蔽服连接点，口诵"经检查屏蔽服各部件连接良好，确认！（对！是！），申请进入强电场"

（2）组合间隙最小距离应满足规程规范规定（500kV 3.9m、±500kV 3.8m、±800kV 6.7m）。手指绝缘子串，口诵"组合间隙最小距离满足规程规范要求，确认！（对！是！）"

_181

NO.18	输电运检专业手指口诵应用案例
第一步	分析作业任务与步骤 作业任务：输电线路带电作业； 作业步骤：开展带电更换作业
第二步	风险分析 危害名称：高处坠落的物体、不足的电气安全距离、工器具损坏； 风险：外力外物致伤、触电、工器具损坏； 后果：人身伤残（头、肩）、设备损坏
第三步	危害分布、特性及产生风险条件 （1）在作业过程中操作失误，工具材料坠落，导致地面人员被砸伤； （2）绝缘工具的有效绝缘长度小于《安规》表 2 规定的安全距离，作业人员与带电体的安全距离小于规程规范规定（500kV 3.4m、±500kV 3.4m、±800kV 6.8m），造成人员触电； （3）收紧承力工具时，受力不均衡使工器具损坏，导致设备受损； （4）新设备安装就位时，各部件连接不牢靠，导致设备受损
第四步	风险控制措施 （1）杆塔作业应使用工具袋，较大的工具应固定在牢固的构件上，不准随便乱放。上下传递物件应用绳索拴牢传递，禁止上下抛掷。高空使用工具应采取防止坠落的措施； （2）在进行高处作业时，除有关人员外，不准他人在工作地点的垂直下方及坠物可能落到的地方通行或逗留，防止落物伤人； （3）应采取导线保护的后备措施，收紧承力工具时，应两边同时收紧；承力工具受力后，全面检查各部位连接良好； （4）新设备安装就位后，全面检查各金具部件连接良好
确认	手指口诵项目 （1）收紧承力工具时，应两边同时收紧；承力工具受力后，全面检查各部位连接良好； （2）新设备安装就位后，全面检查各部件安装正确且受力正常
NO.18	手指口诵输电专业应用案例

（1）作业人员检查承力各部件受力情况；手指承力工具连接部位，口诵"承力工具各部件连接良好且受力正常，确认！（对！是！）"

NO.18	手指口诵输电专业应用案例

（2）作业人员全面检查各部件金具销钉安装紧固及受力情况。手指所更换的设备，口诵"所更换设备已正确安装，各金具销钉紧固到位受力正常，确认！（对！是！）"

NO.19		输电运检专业手指口诵应用案例
第一步	分析作业任务与步骤	
	作业任务：输电线路带电作业； 作业步骤：作业人员退出等电位	
第二步	风险分析	
	危害名称：感应电； 风险：触电； 后果：人身伤残（身体）	
第三步	危害分布、特性及产生风险条件	
	退出强电场过程中，作业人员屏蔽服各部件连接点未连接牢靠，造成人员触电	
第四步	风险控制措施	
	等电位工作人员应穿戴全套合格的屏蔽服，且各部分连接良好	
确认	手指口诵项目	
	等电位工作人员应穿戴全套合格的屏蔽服，且各部分连接良好	
NO.19		手指口诵输电专业应用案例

退出等电位时，等电位工作人员检查全套合格的屏蔽服各部分连接情况。手指屏蔽服连接点。口诵"经检查屏蔽服各部件连接良好，确认！（对！是！），申请退出等电位"

NO.20	输电运检专业手指口诵应用案例
第一步	分析作业任务与步骤 作业任务：输电线路带电作业； 作业步骤：作业人员下塔
第二步	风险分析 危害名称：遗留的物体、不按规定使用个人防护用品； 风险：被迫停运、坠落； 后果：事故／事件（设备事故／事件）、人身死亡（1~2人）
第三步	危害分布、特性及产生风险条件 （1）作业结束后，塔上作业人员未检查塔上、线上遗留物体，导致线路不能正常运行； （2）高处作业过程中，作业人员未正确使用安全带，失去安全带的保护，造成作业人员高处坠落
第四步	风险控制措施 （1）作业结束后，塔上作业人员检查塔上、线上无遗留物后方可下塔； （2）作业人员下塔应正确使用双安全带或防坠器； （3）安全带应采用高挂低用的方式； （4）安全带不应系挂在移动、锋利或不牢固的物件上； （5）转移位置时不应失去安全带的保护
确认	手指口诵项目 作业人员检查塔上、线上无遗留物后方可下塔
NO.20	手指口诵输电专业应用案例

作业人员检查塔上、线上无遗留物，手指塔上、线上，口诵"检查塔上、线上无遗留物，申请下塔，确认！（对！是！）"

4.2.2 停电登塔作业手指口诵

NO.21	输电运检专业手指口诵应用案例
第一步	分析作业任务与步骤 作业任务：输电线路停电登塔作业； 作业步骤：作业人员登塔
第二步	风险分析 危害名称：不按规定使用个人防护用品、尖锐的物体、高温、高处作业、雷、电、质量不合格的器具、毒虫叮咬、有缺陷设施； 风险：坠落、刺伤、中暑； 后果：人员死亡（1~2 人）
第三步	危害分布、特性及产生风险条件 （1）人员缺乏技能、经验，不使用双安全带或防坠器，安全带未拴牢，安全带系挂在移动、锋利或不牢固的物体上，疲劳或酒后作业，身体、精神状态不佳，爬错塔导致触电或高处坠落； （2）尖锐的物体（脚钉）伤人，不合格的器具，有缺陷的设施（基础不牢，损坏或松动的脚钉、塔材）对人身设备造成伤害； （3）高温、严寒、潮湿、强风、雷电对作业人员造成中暑、冻伤、雷击、跌落等威胁； （4）毒虫叮咬造成作业人员中毒
第四步	风险控制措施 （1）选用具有登高资质的作业人员，跟踪天气，日常巡视杆塔，器具日常检查、定期检验，现场检查； （2）专人监护、核对塔号牌； （3）作业前器具和个人防护用品检查； （4）作业前检查杆塔基础、塔材脚钉、塔上是否有马蜂窝等安全隐患； （5）安全带使用前应进行外观检查和冲击检查； （6）登高过程使用双安全带或防坠器； （7）使用的安全带应系在牢固的构件上； （8）安全带应采用高挂低用，作业应全程使用安全带； （9）携带应急药品和制订处置方案
确认	手指口诵项目 （1）召开工前会，交代各项安全注意事项； （2）作业前核对塔号牌，检查器具和个人防护用品，风速、天气情况； （3）登塔前检查安全带是否已戴好； （4）作业前检查杆塔基础牢固； （5）作业前检查塔材脚钉、塔上是否有马蜂窝； （6）使用的安全带应系在牢固的构件上、安全带扣已扣好

NO.21	手指口诵输电专业应用案例
（1）作业人员召开现场工前会，手指各项安全措施，口诵"现场各项安全措施已经布置完毕，确认！（对！是！）"	
（2）作业人员按标准步骤，手指杆塔号牌，口诵"经核对××线路名称与××杆号无误，确认！（对！是！）"	
（3）作业人员打好安全带后，手指安全带带扣，口诵"安全带已经戴好，确认！（对！是！）"	
（4）作业人员检查杆塔基础后，手指杆塔基础，口诵"检查杆塔基础牢固，确认！（对！是！）"	

NO.21	手指口诵输电专业应用案例

（5）作业人员检查塔材脚钉是否齐全，塔上是否有马蜂窝等安全隐患，手指全部杆塔，口诵"经检查塔上无影响作业安全的隐患，申请上塔，确认！（对！是！）"

（6）作业人员开始登塔作业，检查双安全带是否扣牢，手指安全带扣环，口诵"安全带扣已扣牢，确认！（对！是！）"

NO.22	输电运检专业手指口诵应用案例	
第一步	分析作业任务与步骤	
	作业任务：输电线路停电类登塔作业； 作业步骤：验电、装设导线接地线或个人保安线	
第二步	风险分析	
	危害名称：电； 风险：触电； 后果：人身伤残（身体）	
第三步	危害分布、特性及产生风险条件	
	（1）验电时使用不合格的绝缘棒或不用专用的验电绳，不戴绝缘手套，导致感应电伤人； （2）装接地线时未使用绝缘棒或不用专用的验电绳，人体碰触接地线，导致感应电伤人	

NO.22	输电运检专业手指口诵应用案例
第四步	风险控制措施
	(1) 高压验电时戴绝缘手套并有专人监护； (2) 对高压直流线路和330kV及以上的交流线路，可使用合格的绝缘棒或专用的绝缘绳验电。验电时，绝缘棒的验电部分应逐渐接近导线，根据有无放电声和火花的方式，判断线路是否有电； (3) 装接地线导线端应使用绝缘棒或专用的验电绳，人体不应碰触接地线
确认	手指口诵项目
	(1) 戴绝缘手套，验明线路确无电压。 (2) 装设接地线或个人保安线，先装接地端，后装导线端
NO.22	手指口诵输电专业应用案例

(1) 作业人员对停电线路进行验电后，手指导线，口诵"经验电，线路确无电压，确认！（对！是！）"	
(2) 作业人员装设接地线或个人保安线，先装接地端，后装导线端，手指接地线，口诵"接地线已挂好，检查各连接点牢靠，确认！（对！是！）"	

NO.23	输电运检专业手指口诵应用案例
第一步	分析作业任务与步骤
	作业任务：输电线路停电作业； 作业步骤：安装导线后备保护绳
第二步	风险分析
	危害名称：高处坠落的物体坠落； 风险：外力外物致伤； 后果：人身伤残（头、肩）、设备损坏
第三步	危害分布、特性及产生风险条件
	在作业过程中操作失误，工具材料坠落，导致地面人员被砸伤
第四步	风险控制措施
	（1）杆塔作业应使用工具袋，较大的工具应固定在牢固的构件上，不准随便乱放。上下传递物件应用绳索拴牢传递，禁止上下抛掷。高空使用工具应采取防止坠落的措施； （2）在进行高处作业时，除有关人员外，不准他人在工作地点的垂直下方及坠物可能落到的地方通行或逗留，防止落物伤人； （3）打好后备保护绳，防止导线坠落
确认	手指口诵项目
	（1）作业人员打好安全带后进入绝缘子串； （2）作业人员打导线后备保护绳； （3）安装卡具，检查卡具各受力螺栓正常，拆除旧绝缘子； （4）作业人员检查绝缘子安装是否到位
NO.23	手指口诵输电专业应用案例
（1）作业人员打好安全带腰绳后，手指安全带腰绳，口诵"安全带已打好，确认！（对！是！）"	
（2）作业人员检查导线后备保护绳已经打好，手指导线后备保护绳，口诵"导线后备保护绳已经打好，确认！（对！是！）"	

NO.23	手指口诵输电专业应用案例
（3）作业人员安装好卡具检查各受力螺栓，手指卡具各受力螺栓，口诵"卡具各受力螺栓正常，确认！（对！是！）"	
（4）作业人员检查绝缘子安装到位，手指绝缘子碗头、销钉，口诵"检查绝缘子已安装到位，申请拆除工具，确认！（对！是！）"	

NO.24	输电运检专业手指口诵应用案例	
第一步	分析作业任务与步骤	
	作业任务：输电线路停电类登塔作业；作业步骤：拆除导线接地线或个人保安线	
第二步	风险分析	
	危害名称：电；风险：触电；后果：人身伤残（身体）	
第三步	危害分布、特性及产生风险条件	
	拆除接地线导线端时未使用绝缘棒或不用专用的验电绳，人体碰触接地线，导致感应电伤人	
第四步	风险控制措施	
	（1）拆除接地线必须使用绝缘手套，先拆地线端，后拆接地端；（2）拆除接地线必须两人进行，一人监护，一人操作	
确认	手指口诵项目	
	作业人员戴绝缘手套，先拆导线端，后拆接地端	

NO.24	手指口诵输电专业应用案例
作业人员拆除接地线或个人保安线，先拆导线端，后拆接地端，手指导线，口诵"接地线已拆除，确认！（对！是！）"	

NO.25		输电运检专业手指口诵应用案例
第一步	分析作业任务与步骤	
	作业任务：输电线路停电类登塔作业； 作业步骤：作业人员下塔	
第二步	风险分析	
	危害名称：遗留的物体、不按规定使用个人防护用品； 风险：被迫停运、坠落； 后果：事故／事件（设备事故／事件）、人员死亡（1~2 人）	
第三步	危害分布、特性及产生风险条件	
	（1）作业结束后，塔上作业人员未检查塔上、线上遗留物体，导致线路不能正常运行； （2）高处作业过程中，作业人员未正确使用安全带，失去安全带的保护，造成作业人员从高处坠落	
第四步	风险控制措施	
	（1）作业结束后，塔上作业人员检查塔上、线上无遗留物后方可下塔； （2）作业人员下塔应正确使用双安全带或防坠器； （3）安全带应采用高挂低用的方式； （4）安全带不应系挂在移动、锋利或不牢固的物件上； （5）转移位置时不应失去安全带的保护	
确认	手指口诵项目	
	作业人员检查塔上、线上无遗留物，方可下塔	

NO.25	手指口诵输电专业应用案例
作业人员检查塔上、线上无遗留物，手指塔上、线上，口诵"检查塔上、线上无遗留物，申请下塔，确认！（对、是！）"	

4.3　一次检修专业手指口诵安全作业标准卡

4.3.1　断路器停电检修手指口诵

NO.26	手指口诵一次检修专业应用案例
第一步	分析作业任务与步骤
	作业任务：断路器停电检修； 作业步骤：机构检查维护、本体检查维护
第二步	风险分析
	危害名称：不按规定使用个人防护用品、高处作业、误操作、电、高压力； 风险：触电、坠落、外力打击； 后果：人员死亡（1~2人）
第三步	危害分布、特性及产生风险条件
	（1）检修人员走错位置，对运行设备进行检修，导致人员触电； （2）检修人员在梯子或设备上高处作业时，不使用安全带，安全带未拴牢，安全带系挂在移动、锋利或不牢固的物体上，导致人员高处坠落； （3）检修人员使用高空作业车作业时，高空作业车立脚不稳，导致车辆翻倒； （4）检修人员对操作机构检查维护时，机构处于储能状态，检修人员误碰机构释能部件，造成机构释能，导致人员伤亡

NO.26	手指口诵一次检修专业应用案例
第四步	**风险控制措施** （1）工作许可手续完成后，工作负责人、专责监护人应向全体工作班成员交代工作内容、工作地点、人员分工、带电部位和现场安全措施，进行危险点告知，并履行确认手续后，方可开始工作；现场工作开始前，应仔细核对设备标识牌，并检查已做的安全措施是否符合要求；工作负责人、专责监护人应始终在工作现场，对工作班人员的安全进行监护，及时纠正不安全的行为； （2）安全带使用前相互检查及冲击试验；正确佩戴安全带，安全带应高挂低用，确保挂扣牢固；梯子架设稳固，人员在梯子上工作时梯子应有人扶持或绑扎牢固；高处作业全过程须有专人监护； （3）使用高空作业车作业前，应检查高空作业车立脚是否牢固，作业过程中有专人监护； （4）机构维护前应断开储能电源，并进行分合闸操作将机构能量释放
确认	**手指口诵项目** （1）作业前核对设备标识牌，检查工作现场安全措施； （2）安全带使用前相互检查及冲击试验； （3）使用的安全带应系在牢固的构件上； （4）使用高空作业车作业前，核查高空作业车立脚是否牢固； （5）机构维护前核查机构能量已释放
NO.26	手指口诵一次检修专业应用案例

（1）作业人员按标准步骤，手指设备标识牌，口诵"经核对 500kV 第三串联络 C5032 开关无误，确认！（对！是！）"

（2）检修人员穿戴好安全带并做冲击试验后，手指安全带，口诵"安全带已经戴好并做冲击试验合格，确认！（对！是！）"

NO.26	手指口诵一次检修专业应用案例

（3）检修人员将使用的安全带系在牢固的构件上后，手指安全带，口诵"安全带已系在牢固的构件上，确认！（对！是！）"

（4）检修人员使用高空作业车作业前，核查高空作业车已立脚牢固后，手指高空作业车，口诵"高空作业车已立脚牢固，确认！（对！是！）"

（5）检修人员维护机构前核查机构能量已释放后，手指机构，口诵"机构能量已释放，确认！（对！是！）"

4.3.2 断路器更换手指口诵

NO.27	手指口诵一次检修专业应用案例
第一步	分析作业任务与步骤 作业任务：断路器更换； 作业步骤：断路器拆除及安装
第二步	风险分析 危害名称：不按规定使用个人防护用品、高处作业、误操作、电、高压力； 风险：坠落、触电、外力打击； 后果：人员死亡（1~2 人）
第三步	危害分布、特性及产生风险条件 （1）检修人员走错位置，对运行设备进行检修，导致人员触电； （2）检修人员在梯子或设备上高处作业时，不使用安全带，安全带未拴牢，安全带系挂在移动、锋利或不牢固的物体上，导致人员高处坠落； （3）使用高空作业车或吊车作业时，车辆立脚不稳，导致车辆翻倒； （4）吊车吊装设备过程中，吊绳绑扎不牢，吊装设备掉落，导致设备损坏及人员伤亡； （5）断路器操作机构拆除或安装时，机构处于储能状态，检修人员误碰机构释能部件，造成机构释能，导致人员伤亡
第四步	风险控制措施 （1）工作许可手续完成后，工作负责人、专责监护人应向全体工作班成员交代工作内容、工作地点、人员分工、带电部位和现场安全措施，进行危险点告知，并履行确认手续后，方可开始工作；现场工作开始前，应仔细核对设备标识牌，并检查已做的安全措施是否符合要求；工作负责人、专责监护人应始终在工作现场，对工作班人员的安全进行监护，及时纠正不安全的行为； （2）安全带使用前相互检查及冲击试验；正确佩戴安全带，安全带应高挂低用，确保挂扣牢固；梯子架设稳固，人员在梯子上工作时梯子应有人扶持或绑扎牢固；高处作业全过程须有专人监护； （3）使用高空作业车或吊车作业前，应检查高空作业车或吊车立脚是否牢固，作业过程中有专人监护； （4）吊车吊装设备前应检查吊绳是否绑扎牢固，并有专人指挥及监护，吊臂下方禁止其他人员工作； （5）断路器操作机构拆除及安装前，应将操作机构能量充分释放
确认	手指口诵项目 （1）作业前核对设备标识牌，检查工作现场安全措施； （2）安全带使用前相互检查及冲击试验； （3）使用的安全带系在牢固的构件上； （4）使用高空作业车或吊车作业前，核查车辆立脚是否牢固； （5）吊车吊装设备前核查吊绳是否绑扎牢固； （6）断路器操作机构拆除及安装前核查机构能量已释放

NO.27	手指口诵高压试验专业应用案例

（1）作业人员按标准步骤，手指设备标识牌，口诵"经核对 35kV 低压电抗器 N322 开关无误，确认！（对！是！）"

（2）检修人员穿戴好安全带并做冲击试验后，手指安全带，口诵"安全带已经戴好并做冲击试验合格，确认！（对！是！）"

（3）检修人员将使用的安全带系在牢固的构件上后，手指安全带，口诵"安全带已系在牢固的构件上，确认！（对！是！）"

（4）检修人员使用高空作业车或吊车作业前，核查车辆已立脚牢固后，手指车辆，口诵"车辆已立脚牢固，确认！（对！是！）"

NO.27	手指口诵高压试验专业应用案例
（5）吊车吊装设备前核查吊绳绑扎牢固后，手指吊绳，口诵"吊绳已绑扎牢固，确认！（对！是！）"	
（6）检修人员在断路器操作机构拆除及安装前核查机构能量已释放后，手指机构，口诵"机构能量已释放，确认！（对！是！）"	

4.4 高压试验专业手指口诵安全作业标准卡

4.4.1 电力变压器（电抗器）预防性试验手指口诵

NO.28		手指口诵高压试验专业应用案例
第一步	分析作业任务与步骤	
	作业任务：电力变压器（电抗器）预防性试验；	
	作业步骤：安装试验线、加压试验	
第二步	风险分析	
	危害名称：不按规定使用个人防护用品、高处作业、误操作、电；	
	风险：坠落、触电；	
	后果：人员死亡（1~2 人）	

NO.28	手指口诵高压试验专业应用案例
第三步	**危害分布、特性及产生风险条件** (1) 试验人员走错位置，对运行设备进行试验，导致人员触电； (2) 试验人员在梯子或设备上高处作业时；不使用安全带，安全带未拴牢，安全带系挂在移动、锋利或不牢固的物体上，导致人员从高处坠落； (3) 试验人员接试验电源时操作不当或监护不到位导致人体触及带电部位； (4) 试验人员开始加压后仍有人员未离开被试设备，导致人员触电
第四步	**风险控制措施** (1) 工作许可手续完成后，工作负责人、专责监护人应向全体工作班成员交代工作内容、工作地点、人员分工、带电部位和现场安全措施，进行危险点告知，并履行确认手续后，方可开始工作；现场工作开始前，应仔细核对设备标识牌，并检查已做的安全措施是否符合要求；工作负责人、专责监护人应始终在工作现场，对工作班人员的安全进行监护，及时纠正不安全的行为； (2) 安全带使用前相互检查及冲击试验；正确佩戴安全带，安全带应高挂低用，确保挂扣牢固；梯子架设稳固，人员在梯子上工作时梯子应有人扶持或绑扎牢固；高处作业全过程须有专人监护； (3) 接试验电源前先核对电源箱带电部位，再接通试验电源，并有专人监护； (4) 试验加压前应认真检查试验接线，并通知所有人员离开被试设备，加压过程中应有人监护并呼唱
确认	**手指口诵项目** (1) 作业前核对设备标识牌，检查工作现场安全措施； (2) 安全带使用前相互检查及冲击试验； (3) 使用的安全带应系在牢固的构件上； (4) 接试验电源前核对电源箱带电部位； (5) 试验加压前检查试验接线，并通知所有人员离开被试设备
NO.28	手指口诵高压试验专业应用案例

(1) 作业人员按标准步骤，手指设备标识牌，口诵"经核对 #C2B 主变 C 相无误，确认！（对！是！）"

NO.28	手指口诵高压试验专业应用案例

（2）作业人员穿戴好安全带并做冲击试验后，手指安全带，口诵"安全带已经戴好并做冲击试验合格，确认！（对！是！）"

（3）试验人员将使用的安全带系在牢固的构件上后，手指安全带，口诵"安全带已系在牢固的构件上，确认！（对！是！）"

（4）试验人员接试验电源前核对电源箱带电部位后，手指电源箱，口诵"电源箱Ⅱ段带电，确认！（对！是！）"

（5）试验人员加压前检查试验接线，并通知所有人员离开被试设备后，手指试验区域，口诵"试验接线无误，所有人员已离开被试设备，确认！（对！是！）"

4.4.2　绝缘油试验手指口诵

NO.29	手指口诵高压试验专业应用案例
第一步	分析作业任务与步骤 作业任务：绝缘油试验。 作业步骤：个人防护用品穿戴、绝缘油试验
第二步	风险分析 危害名称：不按规定使用个人防护用品、电。 风险：中毒、触电。 后果：人员死亡（1~2 人）
第三步	危害分布、特性及产生风险条件 （1）试验人员没有穿戴个人防护用品，试验过程中不小心触碰有毒试剂，导致中毒； （2）试验人员不按规定操作，触碰到正在加压的仪器的带电部分，导致人员触电
第四步	风险控制措施 （1）试验前试验人员应正确穿戴个人防护用品并检查外观合格； （2）试验加压前应认真检查试验仪器安全防护罩已盖好，并通知所有人员离开试验仪器
确认	手指口诵项目 （1）试验前核对试验人员已正确穿戴个人防护用品； （2）试验前核对试验仪器安全防护罩已盖好，并通知所有人员离开试验仪器
NO.29	手指口诵高压试验专业应用案例
（1）试验人员穿戴好个人防护用品后，手指个人防护用品，口诵"已正确穿戴个人防护用品，确认！（对！是！）"	
（2）试验前核对试验仪器安全防护罩已盖好，并通知所有人员离开试验仪器后，手指试验仪器，口诵"试验仪器安全防护罩已盖好，所有人员已离开试验仪器，确认！（对！是！）"	

4.4.3　绝缘工器具试验手指口诵

NO.30	手指口诵高压试验专业应用案例
第一步	分析作业任务与步骤 作业任务：绝缘工器具试验； 作业步骤：安装试验线、加压试验
第二步	风险分析 危害名称：电； 风险：触电； 后果：人员死亡（1~2 人）
第三步	危害分布、特性及产生风险条件 （1）试验过程中试验大厅的大门没有关上，其他人员误入试验大厅靠近试验试品及仪器，导致人员触电； （2）试验结束后试验人员没有关闭试验电源并对试验仪器及试品充分放电便直接触碰仪器或试品，导致人员触电
第四步	风险控制措施 （1）试验前试验人员应通知所有人员离开试验大厅，并锁上试验大厅的大门； （2）试验结束后应断开试验总电源开关，并对试验仪器及试品充分放电
确认	手指口诵项目 （1）试验前核对所有人员已离开试验大厅，试验大厅的大门已锁上； （2）试验结束后核对试验总电源开关已断开，试验仪器及试品已充分放电
NO.30	手指口诵高压试验专业应用案例
（1）试验前手指试验大厅，口诵"所有人员已离开试验大厅，试验大厅的大门已锁上，确认！（对！是！）"	
（2）试验结束后，手指试验仪器及试品，口诵"总电源开关已断开，试验仪器及试品已充分放电，确认！（对！是！）"	

4.5 自动化专业手指口诵安全作业标准卡

4.5.1 变电站 PMU 相量测量装置参数修改作业手指口诵

NO.31	手指口诵自动化专业应用案例
第一步	分析作业任务与步骤 作业任务：变电站 PMU 相量测量装置参数修改作业； 作业步骤：工程配置备份
第二步	风险分析 危害名称：不按规定程序作业； 风险：参数修改错误、病毒、IP 地址冲突、PMU 业务中断； 后果：造成设备四级及以下事件（直接经济损失在 10 万元以下）
第三步	危害分布、特性及产生风险条件 （1）作业前 PMU 工程配置未备份； （2）未使用经杀毒的专用调试电脑接入 PMU； （3）专用调试电脑未正确设置 IP 地址； （4）作业前未向调度机构申请，造成 PMU 业务中断
第四步	风险控制措施 （1）作业过程中工作负责人全程认真监护，适时提醒作业要点； （2）作业前备份 PMU 工程配置； （3）使用经杀毒的专用调试电脑接入 PMU，并关闭无线网卡、断开外部网络连接； （4）专用调试电脑设置 PMU 未使用的 IP 地址； （5）作业前向调度机构申请
确认	手指口诵项目 （1）作业前核对屏柜标识； （2）确认 PMU 工程配置已备份； （3）确认参数修改正确无误； （4）确认重启 PMU； （5）作业完毕检查 PMU 运行工况

NO.31	手指口诵自动化专业应用案例
（1）作业人员按标准步骤，手指屏柜标识，口诵"经核对，×××PMU 主机屏核对无误，确认！（对！是！）"	
（2）作业人员按标准步骤，手指 PMU，口诵"经核对，PMU 工程配置已备份，确认！（对！是！）"	
（3）参数修改完毕后，作业人员手指 PMU 调试软件参数修改界面，口诵"PMU 参数修改完毕，核对正确无误，确认！（对！是！）"	
（4）作业人员按标准步骤，手指 PMU，口诵"经核对，重启 PMU 集中处理单元，确认！（对！是！）"	

NO.31	手指口诵自动化专业应用案例
（5）作业人员按标准步骤，手指 PMU，口诵"经核对，PMU 集中处理单元运行正常，确认！（对！是！）"	

4.5.2　变电站测控装置定检作业手指口诵

NO.32	手指口诵自动化专业应用案例
第一步	分析作业任务与步骤
	作业任务：变电站测控装置定检作业； 作业步骤：二次设备及回路工作安全技术措施单实施
第二步	风险分析
	危害名称：电、质量不合格的工器具、不按规定程序作业； 风险：触电、电流二次回路开路、电压二次回路短路； 后果：造成人身三级事件(轻伤2人)、设备四级及以下事件(直接经济损失在10万元以下)
第三步	危害分布、特性及产生风险条件
	（1）工作负责人监护不到位，带电部位未隔离，作业过程中定检人员误碰带电部位； （2）使用未经检验或检验不合格的仪表、工器具，导致定检人员触电； （3）定检人员对二次回路图纸查看不充分、对二次回路不熟悉，工作负责人监护不到位，在二次设备及回路工作安全技术措施单执行过程中造成运行电流二次回路开路、运行电压二次回路短路； （4）测控装置试加试验电流、电压前未通知调度端封锁相关遥测数据，造成调度端数据跳变

NO.32	手指口诵自动化专业应用案例
第四步	风险控制措施
	（1）作业过程中工作负责人全程认真监护，适时提醒作业要点；
	（2）作业前将测控装置屏内带电部位隔离；
	（3）仪表、工器具使用前检查确认外观完好、功能正常，在使用有效期内；
	（4）作业前结合二次回路图纸、测控装置屏内实际二次接线，检查确认二次设备及回路工作安全技术措施单正确无误；
	（5）测控装置试加试验电流、电压前通知调度端封锁相关遥测数据，工作完毕通知调度端解封数据
确认	手指口诵项目
	（1）作业前核对屏柜标识；
	（2）检查二次设备及回路工作安全技术措施单实施正确无误；
	（3）通知调度端封锁相关遥测数据，工作完毕通知调度端解封数据
NO.32	手指口诵自动化专业应用案例
（1）作业人员按标准步骤，手指屏柜标识，口诵"经核对，×××测控屏核对无误，确认！（对！是！）"	
（2）二次措施单实施完毕后，作业人员手指测控屏二次措施单实施处，口诵"本屏二次措施单已全部执行，确认！（对！是！）"	
（3）作业人员按标准步骤，手持调度电话，口诵"经核对，总调自动化、中调自动化已封锁（或解封）相关数据，确认！（对！是！）"	

4.5.3　变电站计算机监控系统参数修改作业手指口诵

NO.33	手指口诵自动化专业应用案例
第一步	分析作业任务与步骤 作业任务：变电站计算机监控系统参数修改作业； 作业步骤：数据库、程序及配置备份
第二步	风险分析 危害名称：不按规定程序作业； 风险：参数修改错误、病毒、IP 地址冲突、计算机监控系统退运； 后果：造成设备四级及以下事件（直接经济损失在 10 万元以下）
第三步	危害分布、特性及产生风险条件 （1）作业前数据库、程序及配置未备份； （2）未使用经杀毒的专用调试电脑接入计算机监控系统； （3）专用调试电脑未正确设置 IP 地址； （4）计算机监控系统 2 台服务器同时退出运行
第四步	风险控制措施 （1）作业过程中工作负责人全程认真监护，适时提醒作业要点； （2）作业前备份数据库、程序及配置； （3）使用经杀毒的专用调试电脑接入计算机监控系统，并关闭无线网卡、断开外部网络连接； （4）专用调试电脑设置计算机监控系统内未使用的 IP 地址； （5）作业过程中在计算机监控系统其中一台服务器进行参数修改作业，应确保另一台服务器正常运行
确认	手指口诵项目 （1）作业前核对工作地点； （2）确认数据库、程序及配置已备份； （3）确认参数修改正确无误； （4）作业完毕检查计算机监控系统运行工况

NO.33	手指口诵自动化专业应用案例

（1）作业人员按标准步骤，手指计算机监控系统服务器，口诵"经核对，工作地点核对无误，确认！（对！是！）"

（2）作业人员按标准步骤，手指计算机监控系统，口诵"经核对，计算机监控系统数据库、程序及配置已备份，确认！（对！是！）"

（3）参数修改完毕后，作业人员手指计算机监控系统参数修改界面，口诵"计算机监控系统参数修改完毕，核对正确无误，确认！（对！是！）"

（4）作业人员按标准步骤，手指计算机监控系统，口诵"经核对，计算机监控系统运行正常，确认！（对！是！）"

4.6 继电保护专业手指口诵安全作业标准卡

4.6.1 500kV 变电站主变压器保护定检作业手指口诵

NO.34	手指口诵继电保护专业应用案例
第一步	分析作业任务与步骤
	作业任务：超高压南宁局 500kV 主变压器保护定检作业； 作业步骤：作业前准备
第二步	风险分析
	危害名称：沉重的工器具、不合格的工器具； 风险：碰撞、设备性能下降； 后果：造成人身四级事件（轻伤 1 人）、造成设备四级及以下事件（直接经济损失在 10 万元以下）
第三步	危害分布、特性及产生风险条件
	(1) 在搬运沉重的仪器、工具箱过程中，搬运力度不足及把手承重强度不够； (2) 使用不合格的工器具，导致定检结果不正确
第四步	风险控制措施
	(1) 搬运前先检查把手承重强度； (2) 根据情况使用小推车等搬运工器具； (3) 搬运过程中两人搬运，并相互提醒； (4) 穿劳动保护鞋； (5) 作业前根据工作需求准备合格的工器具
确认	手指口诵项目
	(1) 工器具种类和数量； (2) 检查工器具是否合格
NO.34	手指口诵继电保护专业应用案例

(1) 作业人员按标准步骤，手指工器具，口诵"经核对本次作业需使用的工器具有：保护测试仪一台、绝缘测试仪一台、工具箱两个，确认！（对！是！）"	

NO.34	手指口诵继电保护专业应用案例

（2）作业人员检查工器具是否合格，手指工器具，口诵"经检查，现场工器具均合格可用，确认！（对！是！）"

NO.35	手指口诵继电保护专业应用案例	
第一步	分析作业任务与步骤	
	作业任务：超高压南宁局 500kV 主变压器保护定检作业；	
	作业步骤：作业过程—安全技术措施执行	
第二步	风险分析	
	危害名称：不按规定程序作业、电、缺乏技能；	
	风险：触电、被迫停运；	
	后果：造成人身一般事故（死亡 1~2 人或重伤 1~9 人）、造成设备三级事件（直接经济损失在 10 万元到 25 万元之间）	
第三步	危害分布、特性及产生风险条件	
	（1）未短接好电流回路导致 TA 开路；	
	（2）带电短接多个电流回路，短接到非工作的电流回路导致误跳运行开关；	
	（3）在工作过程中操作不当、监护不到位导致人体触及带电部位；	
	（4）工作过程中将交流电流电压误加到其他保护二次回路上造成不安全事件	
第四步	风险控制措施	
	（1）工作前核查图纸及绕组使用情况；	
	（2）工作前编写工作方案；	
	（3）现场工作开始前，应检查已做的安全措施是否符合要求，运行设备和检修设备之间的隔离措施是否正确完成，工作时还应仔细核对检修设备名称，严防走错位置；	
	（4）工作许可手续完成后，工作负责人、专责监护人应向工作班成员交代工作内容、人员分工、带电部位和现场安全措施，进行危险点告知，并履行确认手续后，工作班方可开始工作；	
	（5）按照作业指导书、二次措施单进行工作；	
	（6）使用红色绝缘胶布对运行设备回路进行封贴；	
	（7）工作前使用红色绝缘胶布对非工作侧电流、电压端子进行封贴；	
	（8）双人工作，工作过程之中有人监护，每一步工作都要双人确认后方可进行	

NO.35	手指口诵继电保护专业应用案例
确认	手指口诵项目 （1）工作时仔细核对检修设备名称； （2）工作时按照二次措施单正确步骤对电流、电压回路进行安全隔离； （3）工作时按照工作票、二次措施单要求对运行设备回路、非工作侧电流、电压端子进行封贴
NO.35	手指口诵继电保护专业应用案例

（1）作业人员按标准步骤，手指标志牌，口诵"在××主变第一套电气量保护屏工作，确认！（对！是！）"	
（2）作业人员执行安全技术措施后，手指作业部位，口诵"××保护电流（电压）回路已安全隔离，确认！（对！是！）"	
（3）作业人员执行安全技术措施后，手指作业部位，口诵"××保护非工作侧电流、电压端子、运行设备回路已封贴，确认！（对！是！）"	

NO.36	手指口诵继电保护专业应用案例
第一步	分析作业任务与步骤 作业任务：超高压南宁局 500kV 主变压器保护定检作业； 作业步骤：作业过程—保护装置功能检验
第二步	风险分析 危害名称：不按规定程序作业、缺乏经验、误操作； 风险：被迫停运、误操作； 后果：造成设备三级事件（直接经济损失在 10 万元到 25 万元之间）
第三步	危害分布、特性及产生风险条件 （1）工作时误碰相邻开关出口继电器或者开出； （2）保护装置存在联跳回路，工作过程中误短接
第四步	风险控制措施 （1）工作前对联跳端子进行封贴； （2）双人工作，工作过程有人监护，每一步工作都要双人确认后方可进行
确认	手指口诵项目 （1）工作时仔细核对检修设备名称； （2）工作前对联跳、失灵启动、闭锁开出回路进行封贴； （3）工作前对联跳、失灵启动、闭锁开出压板进行封贴； （4）出口试验时确认压板投入正确
NO.36	手指口诵继电保护专业应用案例

（1）作业人员按标准步骤，手指标志牌，口诵"在 ×× 主变第一套电气量保护屏工作，确认！（对！是！）"

NO.36	手指口诵继电保护专业应用案例
(2) 作业人员工作前对联跳、失灵启动、闭锁开出回路进行封贴，手指封贴部位，口诵"××保护联跳（失灵启动、闭锁开出）回路已封贴，确认！（对！是！）"	
(3) 作业人员工作前对联跳、失灵启动、闭锁开出回路进行封贴，手指封贴部位，口诵"××保护联跳（失灵启动、闭锁开出）压板已封贴，确认！（对！是！）"	
(4) 作业人员出口试验时确认出口压板投入正确，手指出口压板，口诵"××保护装置出口传动压板投入，确认！（对！是！）"	

NO.37		手指口诵继电保护专业应用案例
第一步	分析作业任务与步骤	
	作业任务：超高压南宁局 500kV 主变压器保护定检作业；	
	作业步骤：作业过程—失灵及其他关联回路检查	
第二步	风险分析	
	危害名称：不按规定程序作业；	
	风险：坠落；	
	后果：造成人身一般事故（死亡 1~2 人或重伤 1~9 人）	
第三步	危害分布、特性及产生风险条件	
	在主变本体作业，登高时不注意容易发生坠落	

NO.37	手指口诵继电保护专业应用案例
第四步	风险控制措施 (1) 下雨天造成爬梯湿滑时禁止登高； (2) 登高时需要人员在主变本体下方监护
确认	手指口诵项目 (1) 作业前核对主变本体标志牌，检查工器具和个人防护用品； (2) 安全带使用前相互检查及冲击试验； (3) 使用的安全带应系在牢固的构件上
NO.37	手指口诵继电保护专业应用案例

(1) 作业人员按标准步骤，手指主变本体标志牌，口诵"在 ×× 主变本体 × 相工作，确认！（对！是！）"	
(2) 作业人员打好安全带后，手指安全带带扣，口诵"安全带已经戴好，确认！（对！是！）"	
(3) 作业人员按标准步骤，完成冲击试验，口诵"安全带冲击试验已完成，确认！（对！是！）"	

NO.37	手指口诵继电保护专业应用案例
（4）作业人员将安全带系在牢固的构件上后，手指安全带带扣，口诵"安全带已系在牢固的构件上，确认！（对！是！）"	

4.6.2　500kV 线路保护定检作业手指口诵

NO.38	手指口诵继电保护专业应用案例	
第一步	分析作业任务与步骤	
	作业任务：超高压南宁局 500kV 线路保护定检作业； 作业步骤：作业前准备	
第二步	风险分析	
	危害名称：沉重的工器具、不合格的工器具； 风险：碰撞、设备性能下降； 后果：造成人身四级事件（轻伤 1 人）、造成设备四级及以下事件（直接经济损失在 10 万元以下）	
第三步	危害分布、特性及产生风险条件	
	（1）在搬运沉重的仪器、工具箱过程中，搬运力度不足及把手承重强度不够； （2）使用不合格的工器具，导致定检结果不正确	
第四步	风险控制措施	
	（1）搬运前先检查把手承重强度； （2）根据情况使用小推车等搬运工器具； （3）搬运过程中两人搬运，并相互提醒； （4）穿劳动保护鞋； （5）作业前根据工作需求准备合格的工器具	
确认	手指口诵项目	
	（1）工器具种类和数量； （2）检查工器具是否合格	

NO.38	手指口诵继电保护专业应用案例
（1）作业人员按标准步骤，手指工器具，口诵"经核对本次作业需使用的工器具有：保护测试仪 台、绝缘测试仪一台、光功率计一台、工具箱两个，确认！（对！是！）"	
（2）作业人员检查工器具是否合格，手指工器具，口诵"经检查，现场工器具均合格可用，确认！（对！是！）"	

NO.39		手指口诵继电保护专业应用案例
第一步	分析作业任务与步骤	
	作业任务：超高压南宁局 500kV 线路保护定检作业； 作业步骤：作业过程—安全技术措施执行	
第二步	风险分析	
	危害名称：不按规定程序作业、电、缺乏技能； 风险：触电、被迫停运； 后果：造成人身一般事故（死亡 1~2 人或重伤 1~9 人）、造成设备三级事件（直接经济损失在 10 万元到 25 万元之间）	
第三步	危害分布、特性及产生风险条件	
	（1）未短接好电流回路导致 TA 开路； （2）带电短接多个电流回路，短接到非工作的电流回路导致误跳运行开关； （3）在工作过程中操作不当、监护不到位导致人体触及带电部位； （4）工作过程中将交流电流电压误加到其他保护二次回路上造成不安全事件	

NO.39	手指口诵继电保护专业应用案例
第四步	**风险控制措施** （1）工作前核查图纸及绕组使用情况； （2）工作前编写工作方案； （3）现场工作开始前，应检查已做的安全措施是否符合要求，运行设备和检修设备之间的隔离措施是否正确完成，工作时还应仔细核对检修设备名称，严防走错位置； （4）工作许可手续完成后，工作负责人、专责监护人应向工作班成员交代工作内容、人员分工、带电部位和现场安全措施，进行危险点告知，并履行确认手续后，工作班方可开始工作； （5）按照作业指导书、二次措施单进行工作； （6）使用红色绝缘胶布对运行设备回路进行封贴； （7）工作前使用红色绝缘胶布对非工作侧电流、电压端子进行封贴； （8）双人工作，工作过程之中有人监护，每一步工作都要双人确认后方可进行
确认	**手指口诵项目** （1）工作时仔细核对检修设备名称； （2）工作时按照二次措施单正确步骤对电流、电压回路进行安全隔离； （3）工作时按照工作票、二次措施单要求对运行设备回路、非工作侧电流、电压端子进行封贴
NO.39	手指口诵继电保护专业应用案例
（1）作业人员按标准步骤，手指标志牌，口诵"在××线路主一集成辅A保护屏工作，确认！（对！是！）"	
（2）作业人员执行安全技术措施后，手指作业部位，口诵"××保护电流（电压）回路已安全隔离，确认！（对！是！）"	

NO.39	手指口诵继电保护专业应用案例
（3）作业人员执行安全技术措施后，手指作业部位，口诵"×× 保护非工作侧电流、电压端子、运行设备回路已封贴，确认！（对！是！）"	

NO.40	手指口诵继电保护专业应用案例	
第一步	分析作业任务与步骤	
	作业任务：超高压南宁局 500kV 线路保护定检作业；作业步骤：作业过程—保护装置功能检验	
第二步	风险分析	
	危害名称：不按规定程序作业、缺乏经验、误操作；风险：被迫停运、误操作；后果：造成设备三级事件（直接经济损失在 10 万元到 25 万元之间）	
第三步	危害分布、特性及产生风险条件	
	（1）工作时误碰相邻开关出口继电器或者开出；（2）保护装置存在联跳回路，工作过程中误短接；（3）未将线路保护通道退出，导致对侧开关跳闸	
第四步	风险控制措施	
	（1）工作前对联跳端子进行封贴；（2）双人工作，工作过程中有人监护，每一步工作都要双人确认后方可进行；（3）在试验前将线路保护装置尾纤拔出；（4）试验前双人核查线路保护装置通道在退出状态	
确认	手指口诵项目	
	（1）工作时仔细核对检修设备名称；（2）工作前对联跳、失灵启动、闭锁开出回路进行封贴；（3）工作前对联跳、失灵启动、闭锁开出压板进行封贴；（4）试验前检查线路保护装置尾纤已经拔出；（5）试验前双人核查线路保护装置通道在退出状态；（6）出口试验时确认压板投入正确	

NO.40	手指口诵继电保护专业应用案例

（1）作业人员按标准步骤，手指标志牌，口诵"在××线路主一集成辅 A 保护屏工作，确认！（对！是！）"

（2）作业人员工作前对联跳、失灵启动、闭锁开出回路进行封贴，手指封贴部位，口诵"××保护联跳（失灵启动、闭锁开出）回路已封贴，确认！（对！是！）"

（3）作业人员工作前对联跳、失灵启动、闭锁开出回路进行封贴，手指封贴部位，口诵"××保护联跳（失灵启动、闭锁开出）压板已封贴，确认！（对！是！）"

（4）作业人员试验前确认保护装置尾纤已经拔出，手指尾纤，口诵"××保护装置尾纤已经拔出，确认！（对！是！）"

NO.40	手指口诵继电保护专业应用案例
（5）作业人员试验前确认保护装置通道在退出状态，手指通道压板（把手），口诵"××保护装置通道在退出状态，确认！（对！是！）"	
（6）作业人员出口试验时确认出口压板投入正确，手指出口压板，口诵"××保护装置出口传动压板投入，确认！（对！是！）"	

NO.41	手指口诵继电保护专业应用案例	
第一步	分析作业任务与步骤	
	作业任务：超高压南宁局 500kV 线路保护定检作业；作业步骤：作业过程—通道检验	
第二步	风险分析	
	危害名称：不按规定程序作业；风险：被迫停运；后果：造成设备四级及以下事件（直接经济损失在 10 万元以下）	
第三步	危害分布、特性及产生风险条件	
	保护班工作人员在保护小室与通信机房插拔尾纤（4~8 根），不按流程作业，拔插错误通道	
第四步	风险控制措施	
	（1）作业前反复核对通道标签，双人确认后再进行作业；（2）作业过程中设专人监护	
确认	手指口诵项目	
	（1）工作时仔细核对检修设备名称；（2）工作时反复核对通道标签	

NO.41	手指口诵继电保护专业应用案例
（1）作业人员按标准步骤，手指标志牌，口诵"在××线路通信接口屏工作，确认！（对！是！）"	
（2）作业人员工作时对待检验的通道标签进行核对，手指通道标签，口诵"××保护通道一收（发），确认！（对！是！）"	

4.6.3 500kV 串补保护闭锁告警检查处理作业手指口诵

NO.42	手指口诵继电保护专业应用案例
第一步	分析作业任务与步骤
	作业任务：超高压南宁局 500kV 串补保护闭锁告警检查处理作业； 作业步骤：作业过程—缺陷处理
第二步	风险分析
	危害名称：不按规定程序作业、缺乏经验、误操作、激光； 风险：设备损坏、被迫停运、辐射； 后果：造成设备三级事件（直接经济损失在 10 万元到 25 万元之间）、造成人身四级事件（轻伤 1 人）
第三步	危害分布、特性及产生风险条件
	（1）工作中带电拔插件（每套保护装置约 10 块插件），人为造成电源短路； （2）工作时误碰相邻开关出口继电器或者开出； （3）保护装置存在联跳回路，工作过程中误接线； （4）拔插激光光纤时，未关闭装置电源，导致激光直射眼睛

NO.42	手指口诵继电保护专业应用案例
第四步	风险控制措施 （1）确认电源已经断开后方可拔插插件； （2）在全部或部分带电的运行屏（柜）上进行工作时，应将检修设备与运行设备前后以明显的标志隔开； （3）工作前对联跳端子进行封贴； （4）在作业前关闭串补保护装置，并封贴电源空开，同时告知运行人员严禁合上电源空开
确认	手指口诵项目 （1）工作时仔细核对检修设备名称； （2）工作时确认串补联跳线路压板已经退出，且用红色绝缘胶布封贴； （3）工作时确认串补保护装置已经关闭，并封贴电源空气开关
NO.42	手指口诵继电保护专业应用案例

（1）作业人员按标准步骤，手指标志牌，口诵"在××线路串补第一套 FSC 保护屏工作，确认！（对！是！）"

（2）作业人员按标准步骤，手指串补联跳线路压板，口诵"××线路串补第一套 FSC 保护联跳线路压板已经退出，并且已封贴，确认！（对！是！）"

（3）作业人员按标准步骤，手指保护装置电源空开，口诵"××线路串补第一套 FSC 保护装置已经退出，并且电源空气开关已封贴，确认！（对！是！）"

NO.43	手指口诵继电保护专业应用案例
第一步	分析作业任务与步骤
	作业任务：500kV串补保护闭锁告警检查处理作业； 作业步骤：作业过程—缺陷处理
第二步	风险分析
	危害名称：不按规定程序作业； 风险：坠落； 后果：造成人身一般事故（死亡1~2人或重伤1~9人）
第三步	危害分布、特性及产生风险条件
	在高达5.7m的串补平台作业，登高不注意容易发生坠落
第四步	风险控制措施
	（1）下雨天造成爬梯湿滑时禁止登高； （2）登高时需要人员在平台下方监护
确认	手指口诵项目
	（1）作业前核对串补平台标志牌，检查工器具和个人防护用品； （2）安全带使用前相互检查及冲击试验； （3）使用的安全带应系在牢固的构件上
NO.43	手指口诵继电保护专业应用案例

（1）作业人员按标准步骤，手指串补平台标志牌，口诵"在××线路串补平台×相工作，确认！（对！是！）"

NO.43	手指口诵继电保护专业应用案例
（2）作业人员打好安全带后，手指安全带带扣，口诵"安全带已经戴好，确认！（对！是！）"	
（3）作业人员按标准步骤，完成冲击试验，口诵"安全带冲击试验已完成，确认！（对！是！）"	
（4）作业人员将安全带系在牢固的构件上后，手指安全带带扣，口诵"安全带已系在牢固的构件上，确认！（对！是！）"	

4.6.4　继电保护定值整定作业手指口诵

NO.44	手指口诵继电保护专业应用案例	
第一步	分析作业任务与步骤	
	作业任务：继电保护定值整定作业； 作业步骤：作业过程	

NO.44	手指口诵继电保护专业应用案例
第二步	风险分析
	危害名称：不按规定程序作业；
	风险：被迫停运；
	后果：造成设备四级及以下事件（直接经济损失在 10 万元以下）
第三步	危害分布、特性及产生风险条件
	（1）在未退出的保护装置上整定定值；
	（2）每年在保护小室整定定值大约 200 次（包含定检临时整定），核对的定值不是当前定值区；
	（3）每年在保护小室整定定值大约 200 次（包含定检临时整定），整定可能输入错误数值
第四步	风险控制措施
	（1）整定定值前检查保护装置处于退出状态；
	（2）整定前核对当前定值区后再进入定值区整定；
	（3）核对打印出的定值区和保护当前定值区一致；
	（4）整定完毕与运行人员核对，双方审核签字
确认	手指口诵项目
	（1）工作前仔细核对检修设备名称；
	（2）工作时仔细检查保护装置在退出状态
NO.44	手指口诵继电保护专业应用案例
（1）作业人员按标准步骤，手指标志牌，口诵"在××开关保护屏工作，确认！（对！是！）"	
（2）作业人员工作前，手指保护装置压板，口诵"××保护装置已处于退出状态，确认！（对！是！）"	

4.7 信息通信专业手指口诵安全作业标准卡

4.7.1 光缆线路维护定检测试作业手指口诵

NO.45	信息通信专业手指口诵应用案例
第一步	分析作业任务与步骤 作业任务：检查 OPGW 光缆线路接续盒； 作业步骤：作业人员登塔
第二步	风险分析 危害名称：安全防护用品不按规定使用、尖锐的物体、马蜂窝、高温、高处作业、雷击、高压电、工器具不合格、坠落物体、台风、冰雹； 风险：坠落、刺伤、中暑、蜂蜇、触电、砸； 后果：造成人身一般事故（死亡 1~2 人或重伤 1~9 人）
第三步	危害分布、特性及产生风险条件 （1）工作负责人（专职监护人）失职，监护不到位；不使用个人保安线；人员缺乏技能、经验；不使用双安全带或防坠器；安全带未挂牢，安全带系挂在移动、锋利或不牢固的物体上；疲劳或酒后作业，身体、精神状态不佳；爬错塔号导致触电或高处坠落； （2）尖锐的物体（脚钉）伤人，不合格的工器具，有缺陷的设施（损坏或松动的脚钉、塔材）对人身体造成伤害； （3）高温、不足的安全距离、潮湿、强风、雷击、跌落、冰雹等威胁
第四步	风险控制措施 （1）选用合适作业员，跟踪了解天气，工器具日常检查、定期检验； （2）专人监护、核对塔号牌； （3）作业前工器具和个人防护用品检查； （4）作业前塔材脚钉检查； （5）安全带使用前相互检查及冲击试验； （6）登高过程使用双安全带或防坠器； （7）使用的安全带应系在牢固的构件上； （8）作业全程使用安全绳； （9）配备应急药品、每个工作人员掌握急救知识
确认	手指口诵项目 （1）作业前核对塔号牌； （2）安全带使用前相互检查及冲击试验

NO.45	信息通信专业手指口诵应用案例

（1）作业人员按标准步骤，手指杆塔号牌，口诵"经核对××线路名称与××杆号无误，确认！（对！是！）"

（2）作业人员打好安全带后，手指安全带，口诵"安全带使用前已检查及冲击试验，确认！（对！是！）"

4.7.2 载波高频通道维护定检测试

NO.46	信息通信专业手指口诵应用案例
第一步	分析作业任务与步骤 作业任务：更换阻波器调谐元件； 作业步骤：作业人员站在高位作业车斗上升高、缓缓靠近阻波器
第二步	风险分析 危害名称：线路带电； 风险：触电； 后果：造成人身一般事故（死亡 1~2 人或重伤 1~9 人）
第三步	危害分布、特性及产生风险条件 （1）线路未停电，工作人员触电； （2）走错间隔，工作人员触电； （3）车臂超范围摆动，工作人员触电； （4）吊车不接地或地线接触不良，工作人员触电； （5）接地装置故障，工作人员触电； （6）运行人员误操作，工作人员触电； （7）线路遭受雷击，工作人员触电； （8）交叉跨越高压线路断线，工作人员触电； （9）调度员误下调度令，工作人员触电
第四步	风险控制措施 （1）确认所走的间隔正确无误； （2）确认线路接地刀闸已合上； （3）确认三相地线已接好； （4）确认线路已停电； （5）停电的间隔用隔离栅栏隔开，在"从此出入"口出入，现场悬挂"在此工作"标示牌； （6）工作负责人（专责监护人）全程监护； （7）工作许可人对工作负责人进行安全技术交底； （8）工作负责人对工作人员进行安全技术和注意事项交代； （9）设置吊车专责指挥人员； （10）变更安全措施，须经工作许可人、工作负责人同意
确认	手指口诵项目 （1）核对停电线路双重名称； （2）线路接地刀闸已合上

NO.46	信息通信专业手指口诵应用案例
（1）作业人员按标准步骤，手指停电线路标示牌，口诵"经核对×××kV×××线路名称与现场线路标识无误，确认！（对！是！）"	
（2）作业人员按标准步骤，手指×××kV×××线路接地刀闸，口诵"×××kV×××线路接地刀闸已合上，确认！（对！是！）"	

NO.47	信息通信专业手指口诵应用案例	
第一步	分析作业任务与步骤	
	作业任务：更换阻波器调谐元件； 作业步骤：挂接地线	
第二步	风险分析	
	危害名称：线路带电； 风险：人员触电； 后果：造成人身一般事故（死亡1~2人或重伤1~9人）	
第三步	危害分布、特性及产生风险条件	
	（1）挂接地线时，先接导线端； （2）挂接地线时，不戴绝缘手套； （3）挂接地点接触不良； （4）接地装置故障	

NO.47	信息通信专业手指口诵应用案例
第四步	风险控制措施 （1）挂接地线时，先挂接地端，后接导线端； （2）挂接地线时，戴绝缘手套； （3）工作负责人（专责监护人）全程监护； （4）工作许可人对工作负责人进行安全技术交底； （5）工作负责人对工作人员进行安全技术和注意事项交代； （6）清洁接地点油漆和污垢； （7）检查接线及接地装置是否合格； （8）变更安全措施，须经工作许可人、工作负责人同意
确认	手指口诵项目 （1）先挂接地端； （2）后挂导线端
NO.47	信息通信专业手指口诵应用案例
（1）作业人员按标准步骤，手指接地装置，口诵"先挂接地端，确认！（对！是！）"	
（2）作业人员按标准步骤，手指导线，口诵"后挂导线端，确认！（对！是！）"	

NO.48	信息通信专业手指口诵应用案例
第一步	分析作业任务与步骤 作业任务：更换阻波器调谐元件； 作业步骤：进入高位作业车斗作业
第二步	风险分析 危害名称：车辆失去平衡侧翻； 风险：坠落、碰撞、触电、跳闸； 后果： （1）造成人身一般事故（死亡 1~2 人或重伤 1~9 人）； （2）设备损坏； （3）车辆损坏； （4）电网事故
第三步	危害分布、特性及产生风险条件 （1）高位作业车水平仪故障； （2）车辆液压系统故障； （3）车辆四腿伸高高度不够，车轮胎着地，车辆滑动； （4）脚垫枕木断裂； （5）车脚腿支撑在草地上，地面凹陷； （6）车臂超范围伸展； （7）地面湿滑； （8）违章作业； （9）违章指挥
第四步	风险控制措施 （1）高位作业车定期检测合格，且车况良好； （2）车辆四腿垫木合格； （3）车辆四个轮胎离开地面； （4）车辆水平仪保持在水平状态； （5）伸腿支撑在水泥路面； （6）安全带应系在牢固的构件上
确认	手指口诵项目 （1）高位作业车四个腿支撑在水泥路面； （2）高位作业车前后左右水平

NO.48	信息通信专业手指口诵应用案例

（1）作业人员按标准步骤，手指高位作业车四个腿定位的位置，口诵"地面平整坚实，确认！（对！是！）"

（2）作业人员按标准步骤，手指高位作业车水平仪，口诵"前后左右水平，确认！（对！是！）"

NO.49	信息通信专业手指口诵应用案例
第一步	分析作业任务与步骤
	作业任务：更换阻波器调谐元件；
	作业步骤：拆卸、安装阻波器调谐元件
第二步	风险分析
	危害名称：失去安全带保护、安全带低挂高用、安全带挂点不稳固、不合格的安全带；
	风险：高空坠落、高空坠物；
	后果：造成人身一般事故（伤亡 1~2 人或重伤 1~9 人）
第三步	危害分布、特性及产生风险条件
	（1）人员缺乏技能、经验；
	（2）不使用双安全带或防坠器；
	（3）安全带未拴牢；
	（4）安全带系挂在移动、锋利或不牢固的物体上；
	（5）高空作业时，工具不放入工具袋中；
	（6）不戴安全帽；
	（7）疲劳或酒后作业，身体、精神状态不佳
第四步	风险控制措施
	（1）选用合适作业员，工器具定期检验，工器具使用前进行检查；
	（2）工作负责人监护；
	（3）作业前个人防护用品检查；
	（4）安全带使用前相互检查及冲击试验；
	（5）高处作业过程使用双安全带或防坠器；
	（6）使用的安全带应系在牢固的构件上；
	（7）作业全程使用安全绳；
	（8）不用的工具放入工具袋中
确认	手指口诵项目
	安全带使用前相互检查及冲击试验
NO.49	信息通信专业手指口诵应用案例

作业人员按标准步骤，手指安全带，口诵"安全带使用前已相互检查及冲击试验，确认！（对！是！）"	 

4.8 交通管理手指口诵安全作业标准卡

4.8.1 行车前车辆检查作业手指口诵

NO.50	行政后勤手指口诵应用案例
第一步	分析作业任务与步骤
	作业任务：车辆行驶； 作业步骤：行车前车辆检查
第二步	风险分析
	危害名称：疲劳工作、酒后作业、缺乏技能、缺乏经验、不按规定程序作业； 风险：车辆停运； 后果：设备或财产损失在1000~10000元
第三步	危害分布、特性及产生风险条件
	（1）驾驶员员精神状态不佳，疲劳工作或酒后作业，未有足够精力保证车辆检查质量，导致车辆财产受到损失； （2）驾驶员缺乏技能、缺乏经验或不按规定程序作业，未及时发现车辆存在异常情况，导致车辆财产受到损失
第四步	风险控制措施
	（1）行车检查前，车班班长确认驾驶员精神状态良好； （2）驾驶员依据作业表单认真核对检查项目（机油、燃油、冷却液充足，刹车系统正常，胎压正常，方向盘正常，雨刮正常，灯光与后视镜正常），确保按作业标准执行
确认	手指口诵项目
	（1）车班班长对驾驶员精神状态进行观察； （2）车辆机油、燃油、冷却液检查确认； （3）车辆刹车系统、胎压、转向系统检查确认； （4）车辆刹车雨刮、灯光、后视镜检查确认

NO.50	手指口诵行政后勤应用案例

（1）车班班长观察驾驶员精神状态，是否疲惫、饮酒，手指检查人员，口诵"驾驶员精神状态良好，确认！（对！是！）"

（2）驾驶员按检查项目检查完机油油位后，手指机油卡尺，口诵"机油充足，确认！（对！是！）"

（3）驾驶员按检查项目检查完燃油表数值后，手指燃油表，口诵"燃油充足，确认！（对！是！）"

（4）驾驶员按检查项目检查完车辆冷却液后，手指冷却液，口诵"冷却液充足，确认！（对！是！）"

NO.50	手指口诵行政后勤应用案例

（5）驾驶员按检查项目检查完车辆刹车系统后，手指刹车，口诵"刹车系统正常，确认！（对！是！）"

（6）驾驶员按检查项目检查完车辆转向系统后，手指方向盘，口诵"转向系统正常，确认！（对！是！）"

（7）驾驶员按检查项目检查完车胎气压后，手指车胎，口诵"车胎压力正常，确认！（对！是！）"

（8）驾驶员按检查项目检查完雨刮后，手指雨刮片，口诵"雨刮正常，确认！（对！是！）"

NO.50	手指口诵行政后勤应用案例
（9）驾驶员按检查项目检查完车辆灯光后，手指大灯，口诵"车辆灯光正常，确认！（对！是！）"	
（10）驾驶员按检查项目检查完车辆后视镜后，手指后视镜，口诵"后视镜正常，确认！（对！是！）"	

4.8.2　驾驶员驾驶车辆手指口诵

NO.51	行政后勤手指口诵应用案例
第一步	分析作业任务与步骤 作业任务：车辆行驶； 作业步骤：驾驶员驾驶车辆
第二步	风险分析 危害名称：缺乏技能、不按规定使用个人防护用品、超速驾驶、疲劳工作、酒后作业、有缺陷的车辆； 风险：交通意外； 后果：人员死亡（1~2人）
第三步	危害分布、特性及产生风险条件 （1）驾驶员未经过驾驶培训，无证驾驶，缺乏驾驶技能，出现交通意外，造成车上人员伤亡； （2）驾驶员及乘车人员未按要求系好安全带，出现交通意外，造成车上人员伤亡； （3）驾驶员不遵守交通法规，超速驾驶，出现交通意外，造成车上人员伤亡； （4）驾驶员精神状态不良，疲劳驾驶车辆，出现交通意外，造成车上人员伤亡； （5）驾驶员酒后驾驶车辆，出现交通意外，造成车上人员伤亡； （6）车辆出现故障，出现交通意外，造成车上人员伤亡

NO.51	行政后勤手指口诵应用案例
第四步	风险控制措施 （1）驾驶员需取得驾驶证，方能驾驶车辆； （2）驾驶员及乘车人员按要求系好安全带； （3）对驾驶员进行交通安全培训，杜绝超速驾驶、疲劳驾驶、酒后驾驶行为； （4）安装车辆行车记录仪，驾驶员超速及时语音提醒
确认	手指口诵项目 （1）车班班长对驾驶员精神状态进行观察； （2）驾驶员及乘车人员按要求系好安全带并相互确认； （3）车辆行车记录仪检查
NO.51	手指口诵行政后勤应用案例
（1）车班班长观察驾驶员精神状态，是否疲惫、饮酒，手指检查人员，口诵"驾驶员精神状态良好，确认！（对！是！）"	
（2）驾驶员及乘车人员上车后按要求系好安全带后，互指对方并口诵"安全带已系好，确认！（对！是！）"	
（3）驾驶员按标准步骤检查完行车记录仪后，手指记录仪，口诵"行车记录仪正常，确认！（对！是！）"	

4.9 技能培训作业实训手指口诵安全作业标准卡

4.9.1 线路带电检修作业培训手指口诵

NO.52	手指口诵教育培训专业应用案例
第一步	分析作业任务与步骤 作业任务：线路带电检修作业操作练习； 作业步骤：学员高处作业
第二步	风险分析 危害名称：未正确规范使用个人防护用品，使用存在安全隐患的工器具； 风险：坠落、坠物、设备跳闸、人员电击伤； 后果：人身伤亡
第三步	危害分布、特性及产生风险条件 （1）登塔前未核对线路名称、塔号、相序号，导致误登线路造成人员触电伤害； （2）安全带使用前未检查，安全带穿戴不规范；防坠器使用前未检查；作业转位时安全带打法不规范；身体、精神状态不佳；导致高处坠落； （3）使用不合格的工器具（裂纹，损伤，失灵）造成设备、人员的高处坠落损坏、伤害，传递绑扎不牢靠造成坠物伤人； （4）绝缘工具现场使用时乱堆乱放，使用过程地面人员不戴清洁、干燥的手套，造成绝缘工具表面脏污、受潮，绝缘强度不满足规程要求，导致沿绝缘工具表面放电或人体电伤害； （5）进出等电位时，人体动作不规范、动作幅度过大，造成电位转移时人体产生不舒服的感觉或人体电伤害； （6）向下传递大物件时地面人员直接用手触碰导致人体电伤害
第四步	风险控制措施 （1）专人监护，每位学员在登塔前与监护人一同核对线路名称、塔号、作业所在的相序号； （2）登塔前对安全带外观检查并冲击检查，正确规范穿戴好安全带，学员穿戴好安全带准备登塔前须经培训师检查，防坠器经外观检查后进行冲击检查时，须先打好安全带； （3）登塔前培训师要询问了解学员的身体、精神状态； （4）高处作业全过程不得失去安全带的保护，且任何时刻不得单边使用安全绳，走线作业时使用长短安全绳（长安全绳要适当收短）； （5）高处作业所使用承力工器具必须进行外观检查且操作试检查〔如绳索类的绳体及绳圈回头是否断股、松股、散股、本体软扁；滑车类的钩头、轮槽转动是否灵活，锁位销是否起作用；卡具丝杠、穿钉是否有裂纹、裂痕，转动、换向是否灵活；螺牙是否磨损；葫芦链条是否有擦伤、卡槽，手摇是否灵活，是否能反向锁位，链条尾端是否有防松脱卡锁（圈）；绝缘吊杆伞裙是否损伤，连接头是否有裂纹、裂痕〕。

NO.52	手指口诵教育培训专业应用案例
第四步	（6）绝缘绳索、绝缘吊杆的绝缘电阻不得小于 700MΩ，最小有效绝缘长度不小于 3.7m（500kV 交流），现场使用时必须放置于防潮帆布上，地面操作时应戴清洁、干燥的棉手套，使用过程中要避免脏污、受潮； （7）电位转移时，人体裸露部位与带电体保持不小于 0.4m（500kV 交流）的安全距离。采用"跨二短三"方式进出电场，在电位转移前，应先检查屏蔽服各部件连接情况并汇报且得到工作负责人的许可，进或出侧的手优先携带同侧安全绳同步进退； （8）高处作业所使用小型工器具应放置于工具包或工具袋内，上下传递绑扎要牢靠，人员不得站立于高处作业点的正下方，向上传递时，工器具离地面 1m 处要进行一次冲击检查。向下传递时，大物件在人体接触前应先接地放电
确认	手指口诵项目 （1）核对线路名称、塔号、相序号； （2）安全带检查（外观检查、冲击检查），安全带穿戴后检查（自检及监护人检查）； （3）防坠器检查（外观检查、冲击检查）； （4）学员身体、精神状态确认； （5）滑车检查（外观检查、转动检查）； （6）绳索类检查（本体检查、绳圈回头检查、绝缘电阻检测、最小有效绝缘长度检查）； （7）屏蔽服穿前检查（外观检查、连接线头检查、单件电阻检测），屏蔽服穿后检查（连接线头连接情况检查、整套电阻检测）； （8）丝杠检查（外观检查、操作检查）； （9）葫芦检查（外观检查、操作检查）； （10）吊杆检查（外观检查、绝缘电阻检测、最小有效绝缘长度检查）； （11）进入耐张绝缘子串前屏蔽服连接情况的检查； （12）退出导线沿耐张绝缘子串出去前屏蔽服连接情况的检查； （13）向下传递时，大物件在人体接触前应先接地放电

NO.52	手指口诵教育培训专业应用案例
（1）作业人员面对杆塔，手指塔号牌，口诵"经核对××线路名称、塔号、相序号无误，确认！（对！是！）"	

NO.52	手指口诵教育培训专业应用案例

（2）作业人员穿戴好安全带且经冲击检查后，双手各扯一根安全绳，口诵"安全带经外观检查、冲击检查无异常且穿戴正确，确认！（对！是！）"	
（3）作业人员对防坠器外观检查、安装于防坠导轨上并进行冲击检查后，口诵"防坠器经外观检查、冲击检查无异常，确认！（对！是！）"	
（4）作业人员手指胸口，口诵"本人精神状态良好，确认！（对！是！）"	
（5）作业人员对滑车外观检查，轮槽转动检查后，手指滑车，口诵"绝缘滑车经外观检查、转动检查无异常，确认！（对！是！）"	

NO.52	手指口诵教育培训专业应用案例

（6）作业人员对绳索本体检查、绳圈回头检查，并进行绝缘电阻检测、最小有效绝缘长度测量后，手指绳索，口诵"绝缘绳索经外观检查无异常，绝缘电阻检测值大于700MΩ、最小有效绝缘长度测量值大于3.7m，满足带电作业要求，确认！（对！是！）"

（7）作业人员检查屏蔽服外观、连接线头、对单件电阻检测，并穿戴好屏蔽服、整套电阻检测后，口诵"屏蔽服经外观检查无异常，上衣、裤子、手套、袜子检测电阻值小于15Ω，导电鞋检测电阻值小于500Ω，整套衣裤最远端点之间检测电阻值小于20Ω，满足带电作业要求，确认！（对！是！）"

（8）作业人员对丝杠外观检查、操作检查后，手指丝杠,口诵"丝杠经外观检查无异常,确认！（对！是！）"

（9）作业人员对葫芦外观检查、操作检查后，手指葫芦,口诵"葫芦经外观检查无异常,确认！（对！是！）"

（10）作业人员对吊杆外观检查、操作检查，并进行绝缘电阻检测、最小有效绝缘长度测量后，手指吊杆，口诵"吊杆经外观检查无异常，绝缘电阻检测值大于700MΩ，最小有效绝缘长度大于3.7m，满足带电作业要求，确认！（对！是！）"

（11）作业人员在耐张横担处检查屏蔽服各部件连接情况后，手指屏蔽服部件连接部位，口诵"经检查，屏蔽服各部件连接良好，确认！（对！是！）"

NO.52	手指口诵教育培训专业应用案例

（12）作业人员在带电体（导线）处检查屏蔽服各部件连接情况后，手指屏蔽服部件连接部位，口诵"经检查，屏蔽服各部件连接良好，确认！（对！是！）"

（13）地面作业人员在向下传递大物件准备落地时用手接触前用接地线将大物件接地放电后，手指人物件，口诵"物件已接地放电，可以接触，确认！（对！是！）"

4.9.2　线路停电检修作业培训手指口诵

NO.53	手指口诵教育培训专业应用案例
第一步	分析作业任务与步骤
	作业任务：线路停电检修作业操作练习； 作业步骤：学员高处作业
第二步	风险分析
	危害名称：未正确规范使用个人防护用品，使用存在安全隐患的工器具； 风险：触电、坠落、坠物； 后果：人身伤亡

NO.53	手指口诵教育培训专业应用案例
第三步	危害分布、特性及产生风险条件 （1）登塔前未核对线路名称、塔号、相序号，导致误登带电线路造成触电伤害。 （2）安全带使用前未检查，安全带穿戴不规范；防坠器使用前未检查；作业转位时安全带打法不规范；身体、精神状态不佳；导致高处坠落。 （3）使用不合格的工器具（裂纹，损伤，失灵）造成设备、人员的高处坠落损坏、伤害，传递绑扎不牢靠造成坠物伤人
第四步	风险控制措施 （1）专人监护，每位学员在登塔前与监护人一同核对线路名称、塔号、作业所在的相序号； （2）登塔前对安全带进行安全检查并冲击检查，正确规范穿戴好安全带，学员穿戴好安全带准备登塔前须经培训师检查，防坠器经外观检查后进行冲击检查时，须先打好安全带； （3）登塔前培训师要询问了解学员的身体、精神状态； （4）高处作业全过程不得失去安全带的保护，且任何时刻不得单边使用安全绳，上下悬垂绝缘子串和走线作业时使用长短安全绳（长安全绳要适当收短）； （5）高处作业所使用承力工器具必须进行外观检查且操作试检查〔如绳索类的绳体及绳圈回头是否断股、松股、散股、本体软扁；滑车类的钩头、轮槽转动是否灵活，锁位销是否起作用；卡具丝杠、穿钉是否有裂纹、裂痕，转动、换向是否灵活，螺牙是否磨损；葫芦链条是否有损伤、卡槽，手摇是否灵活，是否能反向锁位，链条尾端是否有防松脱卡锁（圈）〕； （6）高处作业所使用小型工器具应放置于工具包或工具袋内，上下传递绑扎要牢靠，人员不得站立于高处作业点的正下方，向上传递时，工器具离地面1m处要进行一次冲击检查
确认	手指口诵项目 （1）核对线路名称、塔号、相序号； （2）安全带检查（外观检查、冲击检查），安全带穿戴后检查（自检及监护人检查）； （3）防坠器检查（外观检查、冲击检查）； （4）学员身体、精神状态确认； （5）滑车检查（外观检查、转动检查）； （6）绳索类检查（本体检查、绳圈回头检查）； （7）丝杠检查（外观检查、操作检查）； （8）葫芦检查（外观检查、操作检查）； （9）转位作业安全带系好时的检查； （10）上下悬垂绝缘串打好长短安全绳时的检查； （11）走线时打好长短安全绳时的检查； （12）进出耐张绝缘子串安全绳打好时的检查； （13）向上传递时，工器具离地面1m处进行冲击检查； （14）作业结束，塔上有无遗留物的检查

NO.53	手指口诵教育培训专业应用案例

(1) 作业人员面对杆塔，手指塔号牌，口诵"经核对××线路名称、塔号、相序号无误，确认！（对！是！）"

(2) 作业人员穿戴好安全带且经冲击检查后，双手各扯一根安全绳，口诵"安全带经外观检查、冲击检查无异常且穿戴正确，确认！（对！是！）"

(3) 作业人员对防坠器外观检查后安装于防坠导轨上并进行冲击检查后，口诵"防坠器经外观检查、冲击检查无异常，确认！（对！是！）"

NO.53	手指口诵教育培训专业应用案例

（4）作业人员手指胸口，口诵"本人精神状态良好，确认！（对！是！）"

（5）作业人员对滑车外观检查，轮槽转动检查后，手指滑车，口诵"滑车经外观检查、转动检查无异常，确认！（对！是！）"

（6）作业人员对绳索本体、绳圈回头检查后，手指绳索，口诵"绳索经外观检查无异常，确认！（对！是！）"

NO.53	手指口诵教育培训专业应用案例
（7）作业人员对丝杠外观检查、操作检查后，手指丝杠，口诵"丝杠经外观检查无异常，确认！（对！是！）"	
（8）作业人员对葫芦外观检查、操作检查后，手指葫芦，口诵"葫芦经外观检查无异常，确认！（对！是！）"	
（9）作业人员在杆塔上作业转位时安全带系好后，一只手扯着打好的安全绳，口诵"安全带已打好，确认！（对！是！）"	
（10）作业人员在悬垂串塔头端第一片绝缘子处打好短安全绳后，一只手扯着打好的安全绳，口诵"安全带已打好，确认！（对！是！）"	
（11）作业人员走线前在导线上打好长短安全绳后，双手各扯各侧的长短安全绳，口诵"安全带已打好，确认！（对！是！）"	

NO.53	手指口诵教育培训专业应用案例
（12）作业人员在导线处将安全带打好在一串绝缘子上后，一只手扯着打好的安全绳，口诵"安全带已打好，确认！（对！是！）"	
（13）地面作业人员使用传递绳向上传递时，工器具离开地面 1m 处进行冲击检查后，口诵"工器具绑扎牢靠，可以传递，确认！（对！是！）"	
（14）高空作业人员作业结束后，手指线上、塔上，口诵"作业结束，塔上无遗留物，确认！（对！是！）"	

附录

附录 A 安健环危害因素表

安健环危害因素表

危害类别	可能的危害因素
物理危害	噪声
	振动
	容易碰撞的设备、设施
	有缺陷的设备、设施或部件
	不平整的地面
	高温
	低温
	尖锐的物体
	锋利的刀具
	质量不合格的工器具
	陡的山路
	电磁辐射
化学危害	SF_6 气体及其分解物
	强酸、强碱
	甲醛气体
	挥发的油漆
	铅
	热镀中的锡蒸气
	残余的有机磷
	电焊中的锰蒸汽
	电缆外壳燃烧产生的有害气体
	试验中产生的有害气体
	打印机、复印机排出的有害气体
	CO_2、CO、NO、SO_2、H_2S

续表

危害类别	可能的危害因素
生物危害	细菌
	有毒的植物
	昆虫（蜜蜂等）
	狗
	蛇
	霉菌
	病毒
人机工效危害	设计差、不方便使用的工具
	狭小的作业空间
	重复运动
	人工运输或处理
	繁琐的设计或技术
	过于发力
	差的接触面
	不符合习惯的信息
	不方便搬运物品的通道
	不方便操作的设备
	光线不合理
	空气质量不合格
	作业环境有噪声
	作业环境有震动
社会—心理危害	监视的压力
	失意
	胁迫
	工作压力
	社会福利问题
	危险的工作
	与同事关系不好
	家庭不和睦

危害类别	可能的危害因素
行为危害	误操作
	喜怒无常的行为
	缺乏技能
	缺乏经验
	不按规定使用安全工器具／个人防护用品
	不按规定程序作业
	超速驾驶
	疲劳工作
	酒后作业
环境危害	反常的环境
	高温
	限制空间
	照明不足
	阴霾
	灰尘
	潮湿
	暴雨
能源危害	电
	高处的物体
	高处作业
	高压力
	台风
	雷电
机械危害	滚动的物体
	转动的设备
	滑动的物体

附录 B 安全生产风险分类目录表

安全生产风险分类目录表

风险范畴	细分种类	归类说明
人身风险	坠落	高空、坑洞、坡崖坠落等风险
	外力外物致伤	割伤、扭伤、挫伤、擦伤、刺伤、撕折伤、冲击、挤压等物理致伤和动物咬伤等风险
	触电	工频电压触电、感应电触电、剩余电荷触电和受雷击等风险
	烧、烫伤	电弧烧伤、火焰烧伤、化学灼伤和高温烫伤等风险
	中毒	气体中毒、食物中毒、蜇咬中毒等所致的风险
	窒息	密闭场所窒息、压埋窒息、淹溺窒息等风险
电网风险	减供负荷	对用户停电的风险
	电能质量不合格	电压越限、频率越限和波形畸变等风险
	系统失稳	电压失稳、频率失稳、功角失稳和低频振荡等风险
	非正常解列	电网非正常解列的风险
设备风险	设备损坏	爆炸、烧毁、绝缘击穿、电气短路或外力、自然灾害等造成设备损坏的风险
	设备性能下降	设备虽然继续运行但性能下降的风险
	被迫停运	因设备存在缺陷被迫停运的风险
环境风险	环境污染	电力生产活动所引起大气污染、水体污染、土壤污染、电磁污染、噪声污染、光污染等风险
	生态破坏	电力生产活动所引起的地质灾害、植被破坏等风险
职业健康风险	职业病	在生产过程中，因接触粉尘、放射性物质和其他有毒、有害物质等因素而引起疾病的风险（具体参见《职业病目录》）
	职业性疾病	冻伤、电磁辐射和人机功效不良等所致疾病的风险
	公共卫生	食物中毒、传染性疾病等风险
社会影响风险	社会安全	大面积停电、重要用户停电、电力供应危机等引起的社会安全风险
	法律纠纷	供电纠纷、民事纠纷等风险
	声誉受损	媒体负面报道、相关方投诉和上级单位、政府部门通报等引起的声誉受损风险
	群体事件	集体上访、聚众闹事等群体事件引起社会影响风险

注：社会影响风险是指因人身、电网、设备、环境与职业健康等方面风险衍生的风险。

附录 C 作业风险评估表

作业风险评估表

部门：_____　　班组：_____　　评估时间：_____

工种	作业任务	作业步骤	危害名称	危害类别	危害分布、特性及产生风险条件	可能导致的风险后果	细分风险种类	风险范畴	可能暴露于风险的人员、设备及其他信息	现有的控制措施	风险等级分析					建议采取的控制措施	控制措施的有效性	控制措施的成本因素	控制措施判断结果	建议措施的采纳	
											后果	暴露	可能性	风险值	风险等级					是	否

参考文献

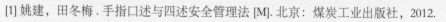

[1] 姚建，田冬梅．手指口述与四述安全管理法 [M]．北京：煤炭工业出版社，2012．

[2] 王一男，范宝双，刘子龙．"手指口述"安全确认工作法在大安山煤矿的推广和应用 [J]．北京工业职业技术学院学报，2015,14(3):113-117．

[3] 李磊，田水承．矿工不安全行为"行为前—行为中—行为后"组合干预研究 [J]．西安科技大学学报，2016,36(4):463-469．

[4] 牛莉霞．习惯性违章行为演化机理与治理研究 [D]．辽宁工程技术大学，2013．

[5] 梁振东．人—机—环—管系统管理视角下的矿业员工不安全行为对策研究 [J]．中国矿业，2014,23(4):20-24．

[6] 张舒，史秀志．安全心理与行为干预的研究 [J]．中国安全科学学报，2011,21(1):23．

[7] 穆万鹏．电力建设作业人员不安全行为控制方法 [J]．吉林水利，2016(12):53-56．

[8] 増田贵之，佐藤文纪．指差唤呼によるヒューマンエラー防止效果を体感する．特集 ヒューマンフアクター．vol.71，No4，2014.4．

[9] 川田綾子，等．確認作業に「指差し呼称」法を用いた時の前頭葉局所血流変動の比較．日職災医誌 59:19-26，2011．